Generis
PUBLISHING

AF687615

Origi-ment de la Philosophie et objectivité de la Rationalité mondiale

Didier Ngalebaye

Title: ***Origi-ment* de la Philosophie et objectivité de la Rationalité mondiale**

ISBN: 979-8-89966-256-0

Author: Didier Ngalebaye

Cover image: https://pixabay.com/

Publisher: Generis Publishing
Online orders: www.generis-publishing.com
Contact email: info@generis-publishing.com

Sommaire

Du même auteur :

1. *Les travers du discours philosophique,* Brazzaville, ADCLF, 1997, 54 pages ;
2. *Idées directrices pour une autre politique en Afrique. Essai de prospective du sens historique politico-africain,* Brazzaville, Imprimerie Saint-Paul, 2006, 224 pages ;
3. *Otwere. La judicature traditionnelle Mbosi face aux défis de la modernité congolaise,* Paris, Publibook, 2010, 178 pages ;
4. *Eléments de Philosophie morale et politique en Afrique noire. Essai d'herméneutique prospectiviste,* Paris, Edilivre, 2011, 206 pages ;
5. *Philosophie de la rigueur et développement, I,* Paris, Publibook, 2016, 358 pages ;
6. *Philosophie de l'Emergence et de la Renaissance africaines,* Douala, Edi-CAD, 2018, 203 pages ;
7. *(Sous la dir.), Autour de ''L'Imposture ethnocentriste'' de Charles Zacharie Bowao. Une analyse critique et prospective,* Douala, Edi-CAD, 2018, 197 pages ;
8. *Le rôle du philosophe dans la société,* EUE, 2023 ;
9. En collaboration avec Ghislain Thierry Maguessa Ebomé, *Epistémoéthique, Philosophie et Développement en Afrique postcoloniale,* EUE, 2023 ;
10. *Diversité culturelle et construction de la Nation au Congo,* Douala, Edi-CAD, 2023 ;
11. *La problématique philosophique dans les sociétés en contexte d'oralité,* Douala, Edi-CAD, 2023 ;
12. *Origi-ment de la Philosophie et avènement d'une Rationalité objective dans le Monde,* Paris, Connaissances et Savoirs, 2024 ;
13. *L'Epistémo-éthique et l'obligation de résultats au CAMES : Pour une réfolution des programmes d'enseignement et de recherche,* Paris, Connaissances et Savoirs, 2024 ;
14. *Réfolution de l'Enseignement supérieur et Développement endo-exogène,* Berlin, Editions Universitaires Européennes, 2024.

Avertissement

Le texte, qui suit, a fait l'objet d'une première publication aux Editions Connaissances et Savoirs, à Paris, en 2024.

Ici, s'en trouve publiée, la version retravaillée et augmentée, au regard du débat suscité par la première version.

Remerciements

A l'occasion de la publication d'*''Origi-ment'' de la Philosophie et objectivité de la Rationalité mondiale,* je présente mes vifs remerciements à mes étudiants de Licence III-Philosophie, année académique 2022-2023, Faculté des Lettres, Arts et Sciences Humaines (FLASH) de l'Université Marien NGOUABI (UMNG), Brazzaville, Congo, dont l'intérêt suscité par le cours d'*Histoire des sciences* de cette année (''*Projet d'une histoire mondiale de la rationalité''*) m'a amené à mettre au point ce concept d'*Origi-ment*.

Je remercie, également et très fraternellement, Messieurs Harmany Gianni Firinze ITOUA (Italie), Yves OKANDZA, Antoine BONGO, Clotaire AKYLANGONGO et Madame Marie Georgette MAKOUMBA (France), pour leurs encouragements multiformes à la publication du présent ouvrage.

Dédicace

Je dédie *''Origi-ment'' de la Philosophie et objectivité de la Rationalité mondiale* à Madame Belinda AYESSA (B.A.), Directrice Générale du Mémorial Pierre SAVORGNAN DE BRAZZA (Brazzaville, CONGO), et à Son Excellence, Monsieur Enrico NUNZIATA, Ambassadeur d'Italie en République du CONGO, pour le fructueux et prospectif échange que nous avions eu, le 20 septembre 2023, à l'occasion de la préparation de la célébration du 17ènniversaire du Mémorial, intervenue, le 05 octobre 2023, à Brazzaville, Congo.

Introduction

La présente recherche porte sur le titre : *''Origi-ment'' de la Philosophie et objectivité de la Rationalité mondiale.*

Le *choix* de cette formulation s'explique par le constat que l'historiographie mondiale de la Philosophie est aujourd'hui marquée par trois principales tendances théoriques, incompatibles les unes par rapport aux autres[1] : *une première tendance, dite ici, occidentaliste,* qui considère le foyer géo-historique gréco-romain (les Humanités classiques européennes) comme le *centre* d'impulsion cognitive, techno-scientifique, culturelle, économique, politique, artistique, etc., (1) ; *une deuxième tendance, appelée ici, kamito-africain* (les Humanités classiques africaines) qui, s'appuyant sur les résultats de *l'école historique* (Cheikh Anta Diop, Théophile Obenga, Grégoire Biyogo, Nioussséré Kalala Omotundé, etc.) et les conclusions des colloques du Caire (1974) et de Yaoundé (CERDOTOLA, 2022), *rappelle constamment la dette cognitive de la Grèce antique envers l'Egypte pharaonique nègre*, sans expliquer et projeter en même temps les raisons pour lesquelles, les descendants actuels de cette Egypte sont devenus, si imbéciles et plongés dans un trouble de discernement consternant, qu'ils demeurent toujours attachés et vulnérables à l'égard de l'Occident (2), et *une troisième tendance balbutiante*, qui essaie de construire une synthèse dynamique des deux premières tendances basiques, de façon à normer objectivement l'état d'esprit des citoyens du Monde actuel, sur les plans cognitif, techno-scientifique, culturel, économique, politique, artistique, etc., (3). La perpétuation de ce climat intellectuel délétère fait que les discours tenus à travers le Monde, au nom de la rationalité, entremêlent science, idéologie et racisme, à la frontière du délit d'initié ou conflit d'intérêts civilisationnels.

---

[1] Dans le carré logique, *l'incompatibilité* est, soit *forte* (contradiction), soit *faible* (contrariété). Dans cette querelle *''scientifique''*, à fondement civilisationnel, il n'y a pas de brigades de la pensée, au sens où, les différentes tendances théoriques, énumérées plus haut, comprennent des acteurs, tant de l'Occident (Europe de l'Ouest, USA et Canada) que du reste du Monde.

L'état présent de la littérature philosophique est tel que, les publications sont *denses* dans la première tendance, *moyennes,* dans la deuxième, et symboliques, dans la troisième qui, par nature, semble être la plus à même de proposer des pistes pouvant permettre une réorganisation pertinente, résiliente et performative de la *pédagogie universelle*, avec impact sur la gouvernance mondiale multisectorielle.

Au regard de cette revue principielle de la littérature, le *problème* de notre recherche est le suivant : *Comment construire techniquement un modèle d'écriture d'une histoire de la rationalité mondiale*[2]*, qui soit réellement objective, et débarrassé de tout préjugé d'ordre idéologico-raciste ?*

L'exploration de ce problème appelle le *questionnement* ci-après : Par quoi reconnait-on le modèle de rationalité occidentaliste ? Par quoi reconnait-on le modèle de rationalité kamito-africain ? En quoi, le postulat de l'*Origi-ment* de la Philosophie serait-il le socle technique d'écriture d'une histoire mondiale et objective de la rationalité ?

Afin d'instruire ce questionnement, les *hypothèses* ci-dessous sont mises en avant : Le non-règlement de la dette du sens (1), la considération de la Grèce du 6ème siècle, avant notre ère, comme lieu et temps exclusifs d'origine et de naissance de la rationalité mondiale (2), et la considération de l'Occident post-antique comme le *centre* mondial de la Civilisation, dont les autres peuples ne constitueraient que la *périphérie* (3), seraient les caractéristiques saturées du modèle occidentaliste d'écriture de l'histoire de la rationalité (H1) ; la primauté de l'initiation spirituelle et orale sur le chemin de la construction et formation de la jeunesse dans le Savoir (1), le règlement de la dette du sens comme socle de la pensée et l'agir humain (2), l'imbrication du spirituel et matériel comme clé du bonheur humain sur terre (3) et la préservation du lien social (4), seraient les principales caractéristiques du modèle de rationalité kamito-africain (H2), et en tablant sur la trame réelle de l'histoire interculturelle de l'Humanité (1), levant stratégiquement la confusion logique

[2] Les produits technologiques ont un rapport objectif d'avec les articles que la chaîne de producteurs (Etats, industriels, chercheurs, etc.) n'arrive pas à cultiver.

entre les concepts *origine* et *commencement* (2), et garantissant la possibilité technique de fonder le discours humain en rigueur, par l'articulation du signe et du sens (3), le postulat de l'*Origi-ment* de la Philosophie serait l'instrument théorique pertinent, résilient et performatif d'écriture objective d'une histoire mondiale de la rationalité, dont tous les peuples du même Monde épris de Vérité, d'honnêteté et de reconnaissance puissent s'approprier (H3).

Pour vérifier ces hypothèses de travail, la *méthode phénoméno-prospectiviste*, proche de la méthode abductive de Peirce, sera mise à contribution : elle permet de tirer des leçons pertinentes, résilientes et performatives de l'étude dia-synchronique du problème considéré, tout en confrontant les données de terrain d'avec celles de la littérature scientifique écrite, pour dégager explicitement un dispositif épistémique, éthique, juridique et institutionnel pouvant alimenter la bonne décision publique, en tant que solution au problème de départ.

L'*objectif* de cette recherche est de montrer la possibilité technique de construction d'un modèle d'écriture d'une histoire de la rationalité mondiale, qui soit réellement objective, et débarrassé de tout préjugé d'ordre idéologico-raciste, en partant de l'historicité de la Philosophie ou du Savoir dans le Monde.

Elle a pour *enjeu*, la mise en évidence de la possibilité technique de la construction d'un *modèle de rationalité unifié*, mais, non unificateur, dans lequel, la conscience historique de chaque peuple du Monde puisse se reconnaitre, si tant reste que « Le bons sens est la chose du monde la mieux partagée » (R. Descartes, 2000, p.29).

Ainsi, la présentation des résultats de cette recherche se fera suivant le *plan* ci-après : Le modèle occidentaliste d'écriture de l'histoire de la rationalité (I), le modèle kamito-africain de rationalité (II) et l'*Origi-ment* de la Philosophie comme modèle unifié de rationalité mondiale et objective (III).

Chapitre I :

Le modèle occidentaliste d'écriture de l'histoire de la rationalité

Le premier chapitre de notre recherche cherche la réponse à la question ci-après : *''Par quoi reconnait-on le modèle de rationalité occidentaliste ?''*, au moyen de son hypothèse corrélée suivante : ''Le non-règlement de la dette du sens (1), la considération de la Grèce du 6ème siècle comme lieu et temps exclusifs de naissance de la rationalité mondiale (2) et la considération de l'Occident post-antique comme le centre mondial de la Civilisation, dont les autres peuples ne constitueraient que la périphérie (3) *seraient* les caractéristiques saturées du modèle occidentaliste d'écriture de l'histoire de la rationalité''.

Conformément à la méthode phénoméno-prospectiviste, adoptée pour la construction en cours, et qui consiste dans la confrontation dia-synchronique de la littérature philosophique sur la thématique concernée d'avec les données de terrain (avis et ressentis des acteurs rencontrés pendant le service universitaire, les pratiques institutionnelles observées et recueillies dans les institutions d'Enseignement supérieur et de recherche du Monde, ainsi qu'à travers les médias, etc., nous posons *trois arguments*[3] ici, pour la vérification de cette hypothèse.

Premièrement, le non-règlement de la dette du sens est la principale tare de la pensée occidentale post-antique. Cet énoncé exprime l'idée résultant du constat que la première génération, au moins, des jeunes étudiants grecs antiques formés en Egypte reconnaissent et avouent leur dette cognitive envers

[3] Ici, le terme *argument* est pris au sens que lui donne Armand Cuvillier, *Vocabulaire philosophique,* Paris, Armand Colin, 1956, p. 29 (« Raisonnement destiné à prouver ou à réfuter une proposition, une théorie ».

l'Egypte, comme on peut le voir, notamment, dans les textes de Platon (1987, 21d-22d)[4] et d'Aristote (2008, p.8)[5].

Mais, les générations suivantes, particulièrement, celles de la *Renaissance,* où l'élite européenne sent le besoin de se raccorder à ses ancêtres grecs antiques, afin de doter l'Occident d'un nouveau destin mondial, qui se traduira (et on le comprend mieux aujourd'hui) par la conquête violente du reste du reste du Monde, à travers l'esclavage, la colonisation et la postcolonisation en cours, préparées par le Conférence de Berlin[6], nient et effacent toute trace mémorielle de cette dette du sens, en construisant une nouvelle historiographie faisant de la Grèce du 6ème siècle, avec Thalès, l'origine et le commencement absolu de la rationalité mondiale.

---

[4] Dans *Timée,* Platon écrit : « *Il y a en Egypte, dit Critias, dans le Delta, à la pointe duquel le Nil se partage, un nome*[4] *appelé saïtique, dont la principale ville est Saïs, patrie du roi Amasis. Les habitants honorent comme fondatrice de leur ville une déesse dont le nom égyptien est Neith et le nom grec, à ce qu'ils disent, Athèna. Ils aiment beaucoup les Athéniens et prétendent avoir avec eux une certaine parenté. Son voyage l'ayant amené dans cette ville, Solon*[4] *m'a raconté qu'il y fut reçu avec des grands honneurs, puisqu'ayant un jour interrogé sur les antiquités* les prêtres les plus versés dans cette matière[4], *il avait découvert que ni lui, ni aucun autre Grec n'en avait pour ainsi dire aucune connaissance. Un autre jour, voulant engager les prêtres à parler de l'antiquité, il se mit à leur raconter ce que l'on sait chez nous de plus ancien […]. Alors, un des prêtres, qui était très vieux, lui dit : Ah ! Solon, Solon, vous autres Grecs, vous êtes toujours des* enfants, *et il n'y a point de* vieillard *en Grèce ». A ces mots : « Que veux-tu dire par là ? demanda Solon. Vous êtes tous* jeunes d'esprit, *répondit le prêtre ; car* vous n'avez dans l'esprit aucune opinion ancienne fondée sur une vieille tradition et aucune science blanchie par le temps. *Et en voici la raison. Il y a eu souvent, et il y aura encore souvent des destructions d'hommes causées de diverses manières, les plus grandes par le feu et par l'eau, et d'autres moindres par mille autres choses ».*

[5] Pour sa part, Aristote écrit : « … *On croit que le* savoir *appartient plus à* l'art *qu'à l'expérience, et on tient pour plus sages les hommes d'art que les hommes d'expérience ; car la sagesse est toujours en raison du savoir […]. Ce qui distingue le* savant, *c'est qu'il peut enseigner, l'homme d'expérience ne le peut pas […]. D'après cela, il était naturel que le premier qui trouva, au-dessus des connaissances sensibles, communes à tous, un art quelconque, celui-là fut admiré des hommes, non seulement à cause de l'utilité de ses découvertes, mais aussi comme un sage supérieur au reste des hommes […]. Ainsi,* c'est en Egypte que les mathématiques se sont formées *; là, en effet, beaucoup de loisirs étaient laissés à la caste des prêtres* ».

[6] Cette Conférence s'était tenue, du 15 novembre 1884 au 26 février 1985 ; ses conclusions demeurent perpétuées aujourd'hui, à travers les 14 accords que la France fit signer ses ''ex-colonies'', en contrepartie de l'octroi de l'''indépendance''.

C'est ce que l'on peut clairement lire dans un texte comme celui de de Jeanne Hersch (2020, p. 11) :

> Dans ces temps anciens, la profession de ''philosophe'' n'existait pas. Les philosophes étaient en même temps des savants, des mathématiciens, des géomètres, des astronomes. Ils s'intéressaient aux éclipses du soleil et de la lune, aux nombres et aux calculs, aux figures de la géométrie et à leurs propriétés. Ainsi, *l'école philosophique la plus ancienne, la célèbre Ecole de Millet, en Asie Mineure, a été fondée par Thalès, l'inventeur du théorème faisant du cercle le lieu géométrique des angles droits construits sur un segment de droite.*

Gilles Deleuze et Félix Guattari (2005), tout en considérant la Philosophie comme œuvre de « création continue de concepts » (p.13), s'engouffrent dans la même brèche de confusion des concepts d'*origine* et de *commencement*, malgré leur pointe d'ironie : « Si la philosophie a une *origine grecque*, autant qu'on veut bien le dire, c'est parce que la cité, à la différence des empires ou des Etats, invente l'agôn comme règle d'une société des ''amis'', la communauté des hommes libres en tant que rivaux (citoyens) » (p.14).

Ces passages de l'une et des autres, parmi d'innombrables autres, indiquent, montrent et signifient que, pour la nouvelle historiographie occidentale, la vérité historique et l'honnêteté intellectuelle, qui se traduisent par la référenciation des textes cités en bas de page, par exemple, ne sont plus des exigences éthiques et déontologiques du métier de chercheur de la Vérité[7]. Alors, la vendalisation du patrimoine cognitif égyptien s'institutionalise, avec le *Théorème de Pythagore* et le *Serment d'Hippocrate,* par exemple, que les Maitres continuent à répéter dans les Universités occidentales et africaines, tout en sachant combien cela est historiquement erroné.

[7] Sur cette lancée occidentaliste Générale, on peut inscrire des publications comme *Les penseurs grecs avant Socrate. De Thalès de Millet à Prodicos,* traduction, introduction et notes par Jean Voilquin, Paris, GF Flammarion, 2018, 247 pages (pour l'Histoire de la Philosophie), et Thomas Samuel Kuhn, *La structure des révolutions scientifiques,* traduit de l'Anglais (Etats-Unis) par Laure Meyer, Paris, Flammarion, 2018, 337 pages (pour l'Histoire des Sciences).

A partir de ce moment, la rationalité commence à se mettre au service d'objectifs extérieurs à elle, et dont on voit clairement aujourd'hui qu'il s'agit de l'idéologie raciste et de la pression des groupes financiers, à l'origine du délit d'initié et du conflit permanent d'intérêts dans les milieux scientifiques.

Malgré les changements intervenus dans l'histoire de l'Humanité, ces *préjugés d'ordre idéologico-raciste*, qui prennent la Science et l'Economie mondiales en otage, sont restés tenaces et constants dans le subconscient de la pensée occidentale, au-delà de ce qu'elle peut exprimer, par simple diplomatie ou gêne publique, mais, qui est vite ramené au grand jour par la parole ou les actes. C'est le sens de la restitution, ci-après, qu'en fait Kate Brousseau (1904, pp.17-19), partant du cas des Etats-Unis d'Amérique :

> Il se pose actuellement aux Etats-Unis un problème d'une nature particulièrement complexe, et sans parallèle dans l'histoire moderne. Le voici en deux mots : Au milieu d'une nation civilisée, il y a neuf millions d'individus d'une race arriérée, et ayant le fardeau d'un esclavage séculaire sur les épaules. Comment diriger cette race de manière à développer à leur plus haut point toutes ses facultés et l'adapter en même temps au milieu blanc, afin qu'elle devienne un facteur utile pour la société, au lieu d'être une lèpre dans son sein ?
>
> La situation ici est tout à fait particulière. Nous avons vu récemment des nations longtemps arrêtées dans leur développement, semblait-il, conquérir rapidement une place importante dans la civilisation moderne. Mais, d'abord, ces peuples étaient isolés, ils avaient une autonomie particulière, et ils ont pu se développer librement quand ils l'ont voulu, sans être écrasés comme des esclaves, sous la domination d'une race supérieure vivant avec eux côté à côte. Ils étaient dans un pays leur appartenant en propre et pouvaient mieux ressentir l'émulation que donne la fierté de race [...].
>
> D'un autre côté, la situation des nègres aux Etats-Unis n'est pas comparable à celle des peuplades de l'Afrique, de l'Asie, de l'Océanie, soumises par la conquête d'une nation supérieure : la vie sociale de celles-ci n'est pas pour ainsi dire changée ; on peut les exploiter, sans doute, mais il est difficile de métamorphoser leur existence intime, et surtout, elles restent dans leur patrie. Le peuple conquérant n'a rien à craindre de leur développement, au contraire [...].

Aux Etats-Unis, la situation est normale et dangereuse pour le nègre aussi bien que pour l'Américain blanc. La culture d'une race arriérée est toujours est toujours délicate à diriger, mais l'essor de la race noire est ci d'autant plus difficile que le citoyen blanc, à cause de préjugé enracinés, semble parfois dresser des obstacles au développement social des nègres. La race blanche ne peut admettre que la race noire devienne son égale ; instinctivement, elle se sent au-dessus et ne veut pas être dépossédée de sa supériorité, et malgré certains exemples fameux, elle tient à croire que l'individu noir est incapable de s'élever au-dessus du blanc.

Visiblement, cette attitude irrationnelle, pour une civilisation qui ne jure que par la Rationalité, est une discontinuité accidentelle par rapport à l'état d'esprit qui habitait les philosophes grecs ayant vécu directement l'époque et les faits, qui ne laissent transparaitre aucun doute, quant à leur filiation théorique à l'Egypte pharaonique nègre.

Deuxièmement, la considération de la Grèce du 6ème siècle comme lieu et temps exclusifs d'origine et de naissance de la rationalité mondiale est la deuxième tare majeure de la pensée occidentale. En effet, après avoir nié et s'être débarrassé de sa dette cognitive du sens envers l'Egypte pharaonique, dont le caractère nègre a été démontré, sans contestation sérieuse, au colloque international du Caire (1974)[8], la conscience cognitive occidentale construit le nouveau narratif du *Miracle grec,* avec des auteurs comme Pierre Vidal-Naquet

[8] Organisé par l'UNESCO, sur le thème : *Le peuplement de l'Egypte ancienne et le déchiffrement de l'écriture méroïtique*, et avec pour problème de fond : *''Qui était le peuple égyptien ? Etait-il noir ou pas ?',* 'ce colloque a connu la participation de spécialistes (A. M. Abdalla, Souda ; A. Abu Bakr, Egypte ; N. Blanc, France ; F. Debono, UNESCO ; J. Devisse, France ; C. A. Diop, Sénégal ; G. Ghallab, Egypte ; L. Habachi, USA ; R. Holtoer, Egypte ; S. Husain, Egypte ; J. Gordon-Jacquet, USA ; W. Kaiser, RFA ; J. Leclant, France ; G. Mokthar, Egypte ; R. El Naduri, Egypte ; T. Obenga, Congo ; S. Sauneron, France ; T. Säve-Söderberg, Suède ; P. L. Shinnie, Canada et J. Vercoutter, France), d'observateurs (V. L. Grottanelli, Italie ; S. Hable, Ethiopie ; F. H. Hussein, Egypte ; L. Kakosy, Hongrie et P. A. Diop, journaliste sénégalais) et de représentants de l'UNESCO (M. Glélé et Mme Melcer). Cheikh Anta Diop et T. Obenga étaient les seuls à soutenir et défendre la thèse du caractère nègre de l'Egypte pharaonique, en recourant à l'argument philologique, notamment, et en mettant à contribution l'archéologie, l'anthropologie, la biologie, la chimie, la géographie, la linguistique, etc. Au terme des travaux, la ligne théorique affirmant l'africanité de la civilisation pharaonique a triomphé, ainsi que cela figure dans la Conclusion générale du Rapport final du colloque : *« La très minutieuse préparation des communications des Professeurs Cheikh Anta Diop et Obenga n'a pas eu, malgré les précisions contenues dans le document de travail préparatoire envoyé par l'UNESCO, une contrepartie toujours égale. Il s'en est suivi un véritable déséquilibre dans la discussion ».*

(l'invention de la démocratie et la construction de la cité) et Jean-Pierre Vernant (l'invention du *Logos*), etc.

A ce propos, il convient de signaler que Cheikh Anta Diop, dont la thèse est de la Sorbonne (Université française), mais, dont l'œuvre est *moralement* bannie de l'exploitation scientifique, indique au dernier chapitre de *Nattions nègres et culture* (1981, 479-482) qu'une bonne partie des termes de la langue grecque (que Nioussére Kalala Omotundé (2000, 4ème de couverture) estimera à 25%) est d'origine africaine, comme le fameux mot *Sophia* (T. Obenga, 2017, pp.220-221).

Mais, ce nouveau narratif de la rationalité occidentale, porté par le postulat du *Miracle grec,* ne fait pas l'unanimité en Occident même où, heureusement, il ne manque pas de chercheurs nuancés, ainsi qu'en témoigne le texte de Robert Nadeau (2009) :

> Les Européens, et plus globalement, les Occidentaux, ne sont ni les premiers, ni les seuls à avoir acquis des connaissances, à les avoir recherchées pour elles-mêmes et à les avoir systématisées et transmises de génération en génération, d'un pays à l'autre, voire d'une époque à une autre et jusqu'à nos jours. Au vu de leurs grandioses réalisations, nul ne doutera que les anciens Egyptiens avaient eux-mêmes des connaissances très précises et efficaces, que les Grecs, du reste, ont faites leurs par la suite. Il n'y a pas de raison valable non plus pour ne pas considérer la phytothérapie traditionnelle des non-occidentaux comme un savoir authentique. Nul ne doute plus aujourd'hui que les civilisations archaïques (les cultures des peuples qualifiées de ''mentalités prélogiques" par Lévy-Bruhl) aient elles aussi produit des ''savoirs indigènes".

Malgré la mention du terme ''*de mentalités prélogiques*", qui est le témoignage de la persistance de l'européocentrisme cognitif de son auteur, celui-ci a le mérite de nuancer et relativiser les choses, tout en ouvrant l'horizon du pluralisme des rationalités, qui rompt d'avec le postulat d'homogénéisation de la pensée que l'Occident s'emploie toujours à imposer au reste de la conscience cognitive mondiale, à travers le narratif du *Miracle grec* (Omotundé, 2000, pp.21-25), historiquement erroné.

En faisant de la Grèce du 6ème siècle, le lieu d'origine, de naissance ou commencement absolus de la rationalité mondiale, la conscience cognitive occidentale commence à se couper de ce que Gaston Bachelard appellera *l'esprit scientifique* (2020), pour se laisser guider par des préoccupations extérieures à la Science elle-même : *l'idéologie raciste*, qui structure l'historiographie occidentale des *Lumières* à Hegel, pour culminer dans l'idéologie en cours de l'universalité supposée des Droits de l'Homme, à l'origine, ceux des citoyens révolutionnaires français, sans égard à la signification même du terme *universel* (substantif ou adjectif) : pris *a prioriquement ou a posterioriquement.* Cet esprit est résumé dans le propos ci-après de Daniel Andler, Anne Fagot-Largeault, Bertrand Saint-Sernin (Gallimard, 2008, p. 674) :

> Toutes ces questions sont depuis *l'origine* inscrites à l'ordre du jour de la philosophie, et elles commandent la genèse et le développement des sciences de l'homme. Depuis les Lumières, ces sciences visent à la fois à décrire et à prescrire, et c'est sans doute l'une des raisons pour laquelle elles ont tant tardé à acquérir, vis-à-vis de la philosophie, une autonomie toujours précaire.

Cet ensemble d'éléments techniques montre combien et progressivement la conscience épistémique occidentale s'élève et s'éloigne du terreau de la Vérité historique et l'honnêteté scientifique, lorsqu'elle doit évoquer ses relations avec les autres peuples du même Monde.

Troisièmement, la considération de l'Occident post-antique comme le *centre mondial et exclusif de la Civilisation*, dont les autres peuples ne constitueraient que la *périphérie*, est la troisième tare majeure de la pensée occidentale, qui ne tient même pas compte de la signification de ce terme : *mode de vie d'un peuple donné* qui, par principe et essence ne pas être universel, tant que comparaison et synthèse dialogiques ne sont pas faites.

A partir du moment où, la conscience cognitive occidentale tourne le dos à sa dette du sens envers l'Egypte pharaonique nègre, en se laissant porter par le narratif du *Miracle grec,* elle n'écoutera plus les critiques, mêmes internes, et se muera en *discours auto-apologétique*, dont l'habillage reste *"scientifique"*, pour servir, en réalité, des intérêts politico-économiques extérieurs à la Rationalité. Pourtant, Martin Heidegger, vers la fin de son œuvre, dut recourir au style aphoristique des présocratiques, que Ludwig Wittgenstein préférât aussi, mais, sans y apercevoir la résurgence des leçons orales reçues en Egypte par les premières générations d'étudiants grecs. Là-bas, en effet, du fait du scrupule majeur lié à la primauté de l'initiation spirituelle visant la Sagesse, avant la conquête de la connaissance visant le Savoir, *l'aphorisme* est le mode synthétique de présentation orale du Savoir, à travers les proverbes, comptes, mythes et légendes, par rapport auxquels, la coupure opérée ultérieurement par la pensée grecque antique entre *Logos* et *Muthos* n'est que factice, d'autant plus que Platon l'a sauvegardée dans son œuvre, où le rôle de la pédagogie mythique dans la construction rationnelle (le mythe de la Caverne) apparait clairement.

Car, *l'universalité* naturelle et *l'égalité* de la raison en tous les hommes (R. Descartes, 2000, p.29) ne vont pas, sans tenir compte des *particularités* de la culture ou civilisation de chaque peuple, en ce qui concerne le mode privilégié de déploiement de la *raison naturelle* (bons sens) vers sa figure de *raison critique*, en tant qu'instrument de conquête du Savoir et du Pouvoir multiforme.

Au regard de la culture de la discussion rationnelle, développée par K. R. Popper (1981), il est assez curieux d'observer que la conscience cognitive occidentale n'ait pas perçu la réalité du pluralisme rationnel, dont *l'ironie*, par exemple, est une grande figure de raisonnement et débat public dans la tradition orale africaine (D. Ngalebaye, 2010), alors même qu'en son propre sein, des figures multiples du raisonnement philosophique ont été développées : la maïeutique et l'ironie (Socrate), la dialectique (Platon, Aristote), le doute (Descartes), l'épochè (Husserl), etc.

Il ne se serait pas juste d'expliquer cette méprise par une quelconque absence de lucidité. C'est, davantage, la *surdétermination de la conscience cognitive* par des objectifs extérieurs à la Rationalité, dont l'objectivité, l'impartialité, l'universalité, la pertinence et la responsabilité, sous le regard du *principe de neutralité axiologique* (M. Weber, 1919), demeurent les exigences éthiques et déontologiques, qui permettrait de comprendre cela.

Ce qui est dit du *philosophe* pouvant l'être de tout autre chercheur, ou *intellectuel,* on voit mieux aujourd'hui les dégâts éthiques que la surdétermination de la conscience cognitive occidentale par des objectifs extérieurs à la Science (groupes de pression politico-financiers) causent : dans des papiers, qui n'ont plus de '*'scientifiques'* que le mot, et sur des plateaux de télévision, des '*'chercheurs"* développent une pensée unique recommandée, sous forme de langue de bois, en ayant complètement renoncé à l'objectivité, concernant les situations politiques au Mali, Burkina Faso et Niger, la guerre russo-ukrainienne, la guerre Israël/Hamas, etc., pour lesquels, le simple recours à l'histoire et l'approche phénoméno-prospectiviste permettraient de mieux comprendre l'articulation onto-logique entre causes causantes et causes causées.

Si l'*attachement au patriotisme* (Platon, 1987) peut être leur justification dérogatoire, en se considérant comme '*'fonctionnaires"* de leurs pays d'ancrage, il reste que la fonction même de l'Université, la *fonction critique* (G. Bourgeault, 2003, pp.237-252[9]), instrument de l'exécution de ses missions (enseignement, recherche et service à la communauté humaine : preuve pourquoi, les ouvrages publiés en un lieu précis sont diffusés à travers le Monde), et la prescription husserlienne[10], quand la crise survient, conduisent

---

[9] Guy Bourgeault, « L'université aujourd'hui, comme hier ? Le regard d'Emmanuel Kant sur l'université… 200 ans plus tard, in *Les transformations de l'université : Regards pluriels,* Revue des sciences de l'éducation, Vol. 29, n°2-2003, pp.237-252 conclut ainsi : « Je terminerai donc par un plaidoyer en faveur du maintien de la nécessaire tension, dans l'université et dans la société, dans l'université au service de la société, entre la raison instrumentale et la raison de sens ou symbolique, que je tiens à placer sous le signe et le sceau de l'interrogation et du débat -sans quoi on donnera dans un autre enfermement (éventuellement religieux, assurément idéologique), sans ouverture possible à l'alternative » (p.249).

[10] Cette idée aurait pu être entièrement à l'honneur d'Edmund Husserl (1936), s'il n'avait pas raté l'extension logique du concept d'Humanité, en n'y voyant que la seule Europe, dont on sait pourtant qu'elle n'est pas sa propre cause causante saturée : l'attachement à la terre européenne héritée de ses ancêtres ne lui a pas permis de percevoir et valoriser *équitablement* la transversalité de la condition humaine, en tant que *Fonctionnaire de l'Humanité,* dont la nationalité de fait n'est, métaphysiquement, qu'accidentelle.

le *chercheur*, en général, et le *philosophe*, en particulier, à jouer plutôt le rôle de *fonctionnaire de l'Humanité*, en disant simplement la Vérité, ce que l'on sait, pour l'avoir observé, et à quoi on tient.

Malgré son caractère européocentriste, il est difficile de croire que le propos ci-après de Husserl date de 1936 :

> Nous sommes devenus conscients, au moins d'une façon très générale, que le philosopher humain et ses résultats n'ont nullement dans l'ensemble de l'existence humaine la simple signification d'un but culturel privé[11]... Nous sommes donc - comment pourrons-nous l'oublier ? - les Fonctionnaires de l'Humanité. La responsabilité tout à fait personnelle qui est la nôtre à l'égard de la vérité de notre être propre comme philosophes, dans la vocation personnelle intime, porte en soi la responsabilité à l'égard de l'être véritable de l'humanité[12], lequel n'est que tendu vers un Telos[13] et ne peut parvenir à sa réalisation, si du moins il le peut que par la philosophie[14], que par nous, *à condition que nous soyons philosophes avec sérieux*[15]... Notre méditation historique initiale ne nous a pas seulement éclairé sur la situation de fait actuelle[16] et sur notre détresse[17] comme sur un fait nu, elle nous

[11] Cette phrase inaugurale, qui prépare les parenthèses suivantes, annonce qu'un philosophe n'a rien compris, s'il se concentre sur sa petite vie ; il devrait s'occuper du destin de la communauté humaine, dont il devrait enrichir et complexifier le concept.

[12] Cette espèce de devoir d'ingérence éthique dans les domaines à la fois public et privé est l'écho de la responsabilité que confère l'appel de l'« *ailleurs indéterminé* », dont parle Jacques Derrida.

[13] Cette *fin* est en fait *l'avenir* qui, comme disait Emmanuel Levinas, est ce qui n'a pas de visage. Pour cela, il est massif, et implacable ; de là aussi, vient l'intérêt heuristique de le distinguer de *l'à-venir*, plus structuré, parce que pensé et voulu.

[14] L'appréhension du temps qui vient étant fondamentale à l'homme, Husserl dit qu'elle ne peut être réalisée que par la Philosophie, toujours, pour lui, devenue Phénoménologie.

[15] Les critères de sériosité sont entendus, pour Husserl ; sûrement, fait-il allusion à la rigueur qui, pour lui, ne renvoie pas simplement au formalisme logique, mais, à la capacité du penseur de descendre jusqu'aux abysses de la possibilité de penser tout pensable au moyen de la pensée, dont le seul rôle est de penser.

[16] L'approche husserlienne envisage la situation réelle et présente de l'Humanité (qu'il restreint à l'Europe !), avec ses problèmes réels et non supposés, avant d'en conceptualiser *l'à-venir*, à partir de l'état des lieux réel de la société contemporaine ; par ce dernier aspect, il pratique même de l'interdisciplinarité ; pour tout cela, il est étonnement plus pragmatique qu'on ne l'a dit.

[17] Pour nous, l'état de pauvreté, Phénomène des phénomènes contemporains, est la caractéristique principale et principielle de la société africaine actuelle ; pour cela, elle est la cause de notre détresse ; et quand Husserl parle de ''*détresse*'', on l'entendrait mieux, en y voyant plutôt l'état de pauvreté des nations, surtout, si l'on réalise que le déferlement actuel du phénomène de la faim dans le monde montre, d'une part, que les réserves alimentaires mondiales baissent, pendant que les capacités de production

a aussi remis en mémoire qu'en tant que philosophes nous sommes, sur les buts qu'indique le terme de « philosophie », sur les concepts, sur les problèmes, sur les méthodes[18], des héritiers du passé[19]... *J'essaie de guider, non d'endoctriner[20], et seulement de montrer, de décrire ce que je vois*[21]. Je n'ai d'autre prétention que celle de parler à moi-même, d'abord et, ensuite seulement aux autres, *avec le meilleur savoir et la plus grande conscience qu'y ait jamais mis quiconque a vécu de bout en bout dans tout son sérieux le destin d'une existence philosophique* »[22].

Cet exercice de la parole sur l'espace public, qui invite le philosophe et/ou le chercheur à redevenir sérieux et assumer sa responsabilité face à l'Histoire, n'a de sens que, s'il se considère comme *un fonctionnaire de l'Humanité*, né accidentellement quelque part, et dont la production scientifique intègre le patrimoine commun de l'Humanité, et non comme *simple citoyen*, attaché patriotiquement à son pays d'origine.

La *surdétermination* de la conscience cognitive occidentale par des *intérêts parascientifiques* (politico-idéologiques, financiers, etc.) conduit les acteurs (philosophe, chercheur, intellectuel et professionnels divers) à renoncer à leur *fonction critique* et à leur *devoir éthique* d'entretenir le courage de

---

décroissent et que l'équité dans la distribution fait défaut, ainsi que le pouvoir d'achat et, d'autre part, que même à Paris ou Washington, il y a de plus en plus de personnes qui ne mangent pas à leur faim.

[18] En articulant *but* (que nos contemporains appellent *objectif*), concepts, problèmes et méthodes, l'on pourrait élaborer un management moderne de l'organisation du travail qui soit une vision réellement pragmatique ; quelle anticipation !

[19] Ce passage montre que la *pro-tension* husserlienne se construit, en payant sa dette au passé, qu'elle assume sans le renier.

[20] Pour être capable de ''*guider*'', sans ''*endoctriner*'', Husserl fait montre d'un esprit faillibiliste, ouvert et tolérant, qui n'a rien de la fermeture, dont on l'a taxé quelques fois. Cette considération peut être considérable pour la reconsidération des études husserliennes.

[21] Par ce bout de phrase, Husserl présente l'essence et le sens de sa démarche phénoménologico-protentive ; elle consiste à décrire l'état réel du monde au moyen des acquis des sciences ontiques et sociales (naturalisme et historicisme), pour ''*pro-tenter*'', prospecter l'*avenir* sans visage de l'Humanité : sur cette base, la *prospective du sens historique* peut élaborer le concept capital d'*à-venir*, qui figure la capacité du philosophe à penser le temps qui vient.

[22] Pour et à partir de Husserl, le sérieux du destin de l'existence philosophique est, dans le schéma tracé jusqu'à présent, de *penser le Temps*, en contribuant à la recherche des solutions aux problèmes qui préoccupent la société humaine ; ce faisant, il accomplit sa responsabilité, en articulant le signe et le sens de son séjour au monde. Le présent commentaire du propos husserlien en prend le sens, tant en compréhension qu'en extension.

toujours et simplement dire la Vérité, lors que l'Humanité est en crise, à la frontière entre l'*impatience de la liberté* et la *patience du concept*.

Le *traitement phénoméno-prospectif* de la conscience cognitive occidentale présente[23], mené dans le premier chapitre de la construction en cours, montre que le modèle occidentaliste de rationalité revient à conforter l'énoncé que la Grèce du 6ème siècle, avec Thalès, constitue aussi bien *l'origine* que le *commencement* de tout le patrimoine cognitivo-technologique, dont l'Humanité plurielle se réjouit aujourd'hui, mais, sans payer la dette du sens de la Grèce envers l'Egypte pharaonique nègre, que d'innombrables traces révèlent.

[23] Le geste phénoméno-prospectiviste consiste à partir de la situation présente (1), pour en chercher l'explication dans le passé (2), et utiliser cette explication, afin de dégager une piste de solution qui soit pertinente, résiliente et performative par rapport au problème ou à la question centrale, dont la recherche est partie (3).

Chapitre II :

Le modèle kamito-africain de rationalité

La tâche du deuxième chapitre de la réflexion en cours est de répondre à la question : ''*Par quoi reconnait-on le modèle de rationalité kamito-africain ?*'', à travers l'hypothèse suivante : ''La primauté de l'initiation spirituelle et orale sur le chemin de la construction et formation au Savoir (1), le règlement principiel de la dette du sens comme socle de la pensée et de l'agir humain (2), l'imbrication du spirituel et matériel comme clé du bonheur humain sur terre (3) et la préservation du lien social (4) *seraient* les principales caractéristiques du modèle de rationalité kamito-africain''.

A cet effet, trois arguments sont convoqués ici.

D'abord, on note que la *primauté de l'initiation spirituelle et orale* sur le chemin de la construction et formation au Savoir est le premier marqueur de la quête gnostique dans l'univers culturel kamito-africain. Ce principe d'initiation spirituelle préalable à l'apprentissage du Savoir a l'avantage de bâtir une personnalité sensible aux profondeurs de l'Univers, équilibrée et apte à affronter les contraintes et astreintes de l'existence humaine sur terre, ainsi que de la vie en communauté, c'est-à-dire *Sage.* Son inconvénient, du fait de la réification du Sacré, est de ne pas favoriser assez le développement de la pensée critique en public, en hypostasiant la hiérarchie sociale et se limitant à ses formes suggestives, comme *l'ironie.* Ce fait historique est connu par ceux qui savent, mais, ignoré par ceux qui ne veulent pas savoir, ou qui ont intérêt à cacher la Vérité historique, en oubliant que, comme la fumée, elle finira par rejaillir un jour, au bénéfice de l'émerveillement de la conscience cognitive humaine.

Jamblique (1996, pp.51-52)[24] rapporte ce fait, comme suit, et au sujet de Thalès :

> C'est ainsi que Thalès l'accueillit avec joie et ayant admiré sa supériorité par rapport aux autres jeunes gens, et ayant reconnu qu'elle était plus grande et dépassait même la réputation qui l'avait précédé, il lui donna part à toutes les connaissances dont il disposait et invoquant sa propre vieillesse et sa faiblesse, il l'exhorta à cingler vers l'Egypte et à aller rencontrer tout particulièrement les prêtres de Memphis et Diospolis. C'est d'eux, en effet, que lui aussi, disait-il, avait acquis le bagage qui lui avait valu auprès du vulgaire le nom de sage [...]. C'est pourquoi, il se rendit auprès de tous les prêtres, s'instruisant auprès de chacun d'eux sur tout ce en quoi il était sage. Il passa ainsi 22 ans en Egypte, dans le *secret* des temples à s'adonner à l'astronomie et à la géométrie et à s'initier ... à tous les mystères des dieux, ... Pythagore acquit en Egypte la science pour laquelle on le considère en général comme savant.

Ce fait historique est aussi rapporté par Théophile Obenga (2017, p. 47) :

> A Memphis, à Thèbes, et surtout à Héliopolis, Pythagore ne reçut l'enseignement des prêtres qu'après avoir subi, avec patience, une longue série d'épreuves. Il a dû même se faire circonscrire pour avoir droit à certains enseignements sacrés.

Le principe d'initiation spirituelle préalable à l'apprentissage du Savoir, sur les lois de l'Univers et la gouvernance sociale optimale, qui caractérise le modèle théorique et éducatif kamito-africain (D. Fakoly, 2020)[25], a l'avantage

---

[24] Jamblique, *Vie de Pythagore,* Paris, Editions Belles Lettres, 1996, cité par Niousséré Kalala Omotundé, *L'origine négro-africaine du savoir grec, 1,* Paris, Editions MENAIBUC, 2000, pp.51-52.

[25] Doumbi Fakoly ne manque pas de déplorer le paradoxe historique dans lequel se trouve la conscience cognitive africaine aujourd'hui : « Partisans du moindre effort, ces Kamito-pessimistes ont assurément laissé leurs capacités de réflexion étouffées par la *résignation et le fatalisme,* totalement étrangers à notre Vision du Monde qui conjugue l'univers au mode de l'action responsable. Ces Kamito-pessimistes sont devenu (e) s les proies faciles des sociétés secrètes étrangères, filles illégitimes et repoussantes des nôtres, dont l'ambition est d'en faire des serviteurs zélés de leur cause maléfique et des traitres à notre peuple. Ce sont les mêmes qui sont devenu € s des suivistes indésirables au prétexte fallacieux que notre peuple est en retard dans tous les domaines et ne peut plus rattraper ce handicap. Les mêmes ont un mot à la bouche censé servir d'argument massu à leurs élucubrations. Ce mot magique, c'est la Science. Les Kamito-pessimistes ne savent pas que nos Ancêtres, donc les leurs, ont posé tous les actes, élaboré toutes les théories avant même la naissance des aïeux des ancêtres des inventeurs du mot Science » (p.74).

de bâtir une personnalité humaine sage et sensible aux profondeurs de l'Univers, équilibrée et apte à affronter les contraintes et astreintes de l'existence de l'homme sur terre, ainsi que de la vie en communauté. Son inconvénient, du fait de la réification du Sacré et du respect de la hiérarchie sociale (le pouvoir des aînés), est de ne pas favoriser assez le développement de la pensée critique en public, en se limitant à ses formes suggestives, comme l'ironie.

Le modèle de rationalité et d'éducation kamito-africain met, aussi et fondamentalement, l'accent sur la préservation du lien social, pour l'explication suivante qu'en fournit Cheikh Anta Diop (C.A. Diop, 1981, pp.457-458) : « Une analyse approfondie montrerait que l'Africain est dominé par ses relations sociales, parce que celles-ci renforcent son équilibre, sa personnalité et son être ».

Dans l'ensemble, les quêteurs du sens occidentalistes invoquent souvent la prévalence du *Nous* (pensée collective) sur le *Je* (pensée individuelle) comme un argument dépréciateur. Anthropo-sociologiquement, il n'en est rien, à part la *volonté politico-raciste*[26] d'uniformiser culturellement le Monde entier. Etant donné que, dans toutes les sociétés du Monde, les adultes ont la charge de l'éducation des plus jeunes, les sociétés en contexte d'oralité kamito-africaines, où le *modèle de famille est moléculaire* (père, mère, enfants, grands, tantes, frères, sœurs, neveux, parents par alliance, etc.), ont choisi, *souverainement*, ce modèle théorique, où l'initiation spirituelle précède la conquête du Savoir, afin de marquer durablement la double implication onto-logique entre Savoir et Sagesse dans la conscience des jeunes. En face, la civilisation occidentale a décidé, *souverainement*, d'adopter le *modèle de famille atomique* (père, mère et enfants, les grands parents étant placés dans les maisons communautaires, EPAD).

Il en ressort que l'adoption d'un modèle donné de société se répercute transversalement sur toute son organisation, dont les principes ne sauraient venir de l'extérieur. Sur le plan épistémologique, cette remarque souligne la nécessité de philosopher, en capitalisant les résultats des recherches menées en Sciences humaines. Le respect de cette différence anthropo-sociologique basique par les uns et autres citoyens du même Monde permettrait d'éviter et évacuer les querelles en cours sur les droits de l'Homme, l'homosexualité, etc., où les pays occidentaux conditionnent leur ''aide

[26] Sur ce point précis, le lecteur peut consulter Jean-Philippe Omotundé, *L'origine négro-africaine du savoir grec, 1,* Paris, Editions MENAIBUC, 2000, pp. 11-20.

financière" à l'adoption de leurs normes culturelles par les pays bénéficiaires d'Afrique (c'est le cas de l'AGOA, entre les USA et l'Ouganda).

Ensuite, la considération de la connaissance produite par les *prêtres* dans les couvents[27], comme un *bien sacré* (qui était porté à la connaissance du *Pharaon* seul, par l'exclusion du *reste de la population*[28], condamnée à vivre de ses coutumes millénaires), aura une *quadruple conséquence* sur la société kamito-africaine actuelle : cette pratique institutionnelle réserve la primauté de la connaissance conquise au Pharaon seul, en tant que représentant de Dieu sur terre (1) ; elle soustrait le savoir produit à sa critique publique, en manquant ainsi de favoriser son progrès théorique et sa diffusion dans le peuple (2) ; elle maintient le peuple dans l'ignorance des nouvelles connaissances produites par les prêtres, coupant ainsi la société en deux blocs : l'élite *extravertie* et la population *intravertie* (3), et la préservation de la culture d'hospitalité et de paix, sans nuance, précaution et souci prospectif, sera la raison majeure de la chute de la civilisation égyptienne, sous les balles des envahisseurs Perses ayant exploité son imbécilité, comme pendant l'esclavage, la colonisation et la postcolonisation en cours (4).

Enfin, la non promotion de la critique publique sur les connaissances élaborées par les prêtres et le patrimoine culturel kamito-africain (a), la non capitalisation des acquis de la mémoire collective (b), et la faible présence de la prospective dans la culture kamito-africaine (c), produiront les conséquences

---

[27] A cet effet, le lecteur intéressé lirait, avec fruit, Théophile Obenga, 2017, *L'Egypte, la Grèce et l'école d'Alexandrie. Histoire interculturelle dans l'Antiquité. Aux sources égyptiennes de la philosophie grecque,* Paris, L'Harmattan.

[28] Cette indication donne, en même temps, une idée claire sur la structure de la population égyptienne antique : le *Pharaon* (garant de l'Autorité, et représentant de Dieu sur terre, qui avait la sagesse de prendre totalement soin des prêtres dans les couvents abritant les écoles de pensée de Memphis, d'Héliopolis, de Thèbes, de Saïs et d'El Amarna, ayant valeur d'*Universités*, afin de les conditionner à produire les nouvelles connaissances et réponses aux énigmes qu'il rencontrerait, en guise de *Conseillers,* pour une meilleure gouvernance de la société suivant les principes de la *Maât* : Vérité et Justice*),* les *prêtres* (officiant dans le cadre des cinq écoles susmentionnées, suivant les principes de généralité et spécialité du Savoir, auquel accédaient les étudiants nationaux et internationaux, notamment, grecs, après initiation), et le *reste de la population* (vivant des coutumes millénaires, en étant coupé des innovations cognitivo-techniques produites par les prêtres). Cette *répartition de la société égyptienne en trois classes* inspirera, assurément, Platon (après 09 ou 13 années de formation en Egypte), qui proposera à la société grecque, instable, une *structure en trois classes* : le philosophe-roi ou le roi-philosophe, les gardiens et les artisans : telle est la clé épistémo-éthique de compréhension de la *République* de Platon.

respectives suivantes sur l'Afrique postcoloniale : le développement de la culture politique autocratique (a), l'absence de la culture de l'évaluation performative (2), l'hésitation à passer de l'ancien au nouveau modèle théorico-pratique (c), et la facilité à adopter l'extraversion mentale (d).

L'état actuel de la recherche sur les problématiques africaines bute sur la *dichotomie* entre, d'une part, *la tradition* (l'endogénie), présentée suivant la lecture occidentaliste, comme explication suffisante des dysfonctionnements, dont souffre la gouvernance africaine en cours, et *la modernité* (exogénie), présentant la modernisation/occidentalisation/démocratisation de la société africaine postcoloniale, comme l'horizon exclusif de son développement possible, *sans une médiation épistémique ou éthique*, allant dans le sens de remplacer cette *disjonction théorique* par une *conjonction logique nécessaire.*

Pour surmonter cette défaillance de communication théorique, Didier Ngalebaye (2023), au regard de l'incompatibilité observée dans les Universités africaines, entre le modèle théorique importé d'Occident et appliqué : le *modèle bibliographique* (requérant le texte écrit en amont : *revue de la littérature,* et en aval : *bibliographie,* alors que le patrimoine culturel/cognitif des sociétés dans lesquelles elles sont implantées est cultivé, stocké et transmis à travers les *supports oraux,* que sont les proverbes, contes, mythes et légendes), propose le *modèle épistémo-éthique* qui, reposant sur l'articulation du savoir et de la sagesse, du signe et du sens, de la compétence technique et de la moralité, d'un côté, et la combinaison dynamique de l'Herméneutique avec la Prospective, de l'autre, consiste, sur un problème d'étude donné (une question centrale) concernant une société en contexte d'oralité, à en produire le *diagnostic historique*, qui ressort les données des périodes antécoloniale, coloniale et postcoloniale de son histoire (1), *confronter* les résultats du diagnostic historique d'avec la réalité devenue endo-exogène de l'Afrique postcoloniale (2) et en *projeter la solution,* sur les plans épistémique, éthique, juridique et institutionnel (3).

Cette approche, qui articule les ressources orales et écrites dans le concept *ora-ture*[29], permet de mobiliser *l'interdisciplinarité* et *l'objectivité* nécessaires à la conquête du Savoir sur la spécificité des problématiques africaines, dont les supports écrits peuvent être trouvés, pour les périodes coloniale et postcoloniale, tandis qu'ils sont rarissimes ou inexistants, pour la période antécoloniale, en restant sur le terrain de la simple rationalité objective, historiquement attestable, mais, en évitant toute collusion avec des intérêts d'ordre idéologico-financier, dont la vocation est de pousser le propos scientifique dans des biais.

Si la méthode est interdisciplinaire, *le résultat d'une étude épistémo-éthique est toujours endo-exogène*, témoignage de l'interculturalité négociée ou forcée.

La prévalence du principe d'initiation spirituelle sur la conquête du Savoir, à côté d'innombrables avantages qu'elle présente, aura aussi eu des conséquences négatives sur le développement ultérieur de la société kamito-africaine, particulièrement, *l'étouffement de la curiosité, la pensée critique et la discussion publique sur les acquis du Savoir*[30], qui se paieront en promotion de l'imbécilité et du trouble du discernement, que l'on observe encore dans la société kamito-africaine actuelle, et contre laquelle, il convient de construire un protocole de sortie intelligent, sur les plans épistémique, éthique, juridique et institutionnel.

Ainsi, le modèle kamito-africain de rationalité revient conforter l'énoncé que l'Egypte est l'origine avérée de la rationalité mondiale, au regard de l'histoire interculturelle réelle du Monde, symbolisée par sa relation

---

[29] Charles Zacharie Bowao, Shahid Rahman, *Entre l'orature et l'écriture. Relations croisées,* in *Cahiers de Logique et d'Epistémologie,* auteurs individuels et Collège Publications, 2014, 978-1-84890-029-5. Mais, afin de démarquer ma posture théorique et d'indiquer la nécessité et l'urgence, pour les sociétés en contexte d'oralité du Monde actuel, de documenter les résultats des études épistémo-éthiques systématiques sur leurs patrimoines culturels oraux, *menacés* de disparition par la Mondialisation occidentaliste, j'écris ainsi : *l'Ora-ture,* pour en montrer la dette constitutive.

[30] Cette propension libertaire est, alors, assimilée à de l'impolitesse, confondant ainsi l'épistémique et l'éthique, que le code éthique endogène articule pourtant (D. Ngalebaye, 2010).

particulière avec la Grèce antique, mais, sans se préoccuper de ce que le rapport de l'entendement de ses citoyens à la rationalité deviendra ultérieurement.

Chapitre III :

L'*Origi-ment* de la Philosophie comme socle technique d'écriture d'une histoire objective et mondiale de la Rationalité

Le *langage* à travers lequel les philosophes, en particulier, et les chercheurs, en général, présentent les résultats de leurs travaux sur l'histoire et la vie de l'Humanité, expression de la prestigieuse institution universitaire, est souvent truffé d'incongruités, d'abus de langage et d'impertinence, qui le mettent en porte à faux d'avec l'*exigence fondamentale de rigueur* (la conduite de la recherche et la rédaction scientifique suivant des règles convenues au sein de la communauté universitaire, qui sauvegardent l'universalité du métier de chercheur) attendue et attaché au dur métier de recherche historique et plurielle de la Vérité, tant en ce qui concerne la recherche elle-même qu'au sujet de la présentation de ses résultats.

L'histoire de la Philosophie et l'histoire des Sciences sont les deux principaux lieux théoriques où s'exprime ce désastre : des auteurs s'y expriment, sans respecter la structure logique de la proposition apophantique : *Tout S est P,* ou grammaticale : *Sujet, verbe et complément* ; la distinction du substantif d'avec l'adjectif n'est plus évidente, comme l'articulation entre syntaxique, sémantique et pragmatique du discours, dont M. Foucault (2020, pp.58-59) a, pourtant, esquissé l'ordre :

> Les notions fondamentales qui s'imposent maintenant ne sont plus celles de la conscience et de la continuité (avec les problèmes qui leur sont corrélatifs de la liberté et de la causalité), ce ne sont pas celles non plus du signe et de la structure. Ce sont celles de l'évènement et de la série, avec le jeu des notions qui leur sont liées ; régularité, aléa, discontinuité, dépendance, transformation ; c'est par un tel ensemble que cette analyse des discours à laquelle je songe s'articule non point certes sur la thématique traditionnelle que les philosophes d'hier prennent pour l'histoire ''vivante" mais sur le travail effectif des historiens.

Ce propos foucaldien montre que, ce qui intéresse le philosophe dans la *reconstruction* causale des évènements historiques, à laquelle l'historien se livre, est le *sens métaphysique* qu'il convient de débusquer et donner à ces évènements qui, en eux-mêmes, relèvent chaotiquement aussi bien de la régularité, de l'aléa, de la discontinuité, de la dépendance que de la transformation sociale dans laquelle l'homme est engagé, tant comme *sujet* que comme *objet*.

Précisément, ce qui nous intéresse, ici, dans le cadre de la *Philosophie du langage*, c'est à la fois l'objectivité de l'analyse et la présentation des problématiques étudiées, dans le cadre de l'histoire de la Philosophie ou de l'histoire des Sciences, et la vérification de la compatibilité onto-logique entre la terminologie employée et la nature des problèmes étudiés.

A cet effet, des propositions passées dans l'usage, comme : ''*La Philosophie est le lieu de la contradiction intellectuelle*'', ''*La Philosophie est grecque dans son essence même*'', ''*L'Egypte pharaonique nègre est l'origine absolue du Savoir mondial*'', etc., sont formulées, sans égard au carré logique, ce lieu théorique qui permet d'organiser techniquement la rigueur du discours, et comme des propos de députés, tenant à défendre les intérêts de leurs mandants à tout prix, en étant attachés à leur unique patrie d'ancrage, dans l'ignorance des réalités d'ailleurs.

Or, si l'on considère le philosophe, le chercheur ou l'intellectuel comme un *apatride,* par rapport à sa vocation, né accidentellement quelque part, et dont la conscience n'a de compte à rendre qu'à l'Humanité présente et future, et non aux Etats ou groupes de pression politico-financiers, en qualité de *fonctionnaire de l'Humanité,* alors, il redeviendrait urgent de refonder le discours en rigueur, afin que la joie traverse la relation interlocutoire.

Dans cette perspective, le recours à la distinction de la double structure isomorphique, d'une part, du discours rigoureux et, d'autre part, de l'abus de langage, proposée par Didier Ngalebaye (2016, p. 313), pourrait permettre de mieux percevoir l'enjeu technique de la pertinence du discours, eu égard aux scrupules syntaxique, sémantique et pragmatique :

En somme, si les philosophes post-analytiques pouvaient réussir de focaliser leur attention sur l'objectif-Sagesse, par-delà les *procédures*, les clivages épistémologiques (notamment, d'entre la *philosophie du langage idéal* et celle du *langage ordinaire)* devraient s'atténuer, pour disparaitre progressivement, grâce à l'adoption de la double formule onto-logique, qui présente les vertus de détourner l'entendement humain de l'*abus de langage,* libellé : **({AL = (S <≠> s)})**[31], d'un côté, et qui indique, de l'autre, l'ancrage essentiel pour l'élaboration d'un *discours rigoureux,* formulé : **({DR = (S <=> s)})**[32], dans la recherche de la Vérité, que je suggère à la communauté comme mode d'*invention endogène de la rigueur en Philosophie.* Cette adoption pourrait s'avérer fructueuse, pour au moins *deux raisons.* Ces formules font dialoguer les soucis pour la *méthode* avec l'*objectif de la recherche*, de même qu'elles mettent en relief la notion fondamentale de *pertinence de la recherche*, qui réconcilie le *chercheur* avec son *bailleur de fonds*, ainsi qu'avec sa communauté sociale d'attache, qui a forcément des *attentes* sur la recherche engagée localement. Tous ces deux soucis étaient plutôt des faiblesses dans le dispositif analytique. Car, l'histoire des sciences ne montre pas d'exemple d'une *recherche innocente*, engagée sans tenir compte des besoins de la *société*[33].

La mise en œuvre explicite de cette formule de construction d'un discours rigoureux par les locuteurs : **({DR = (S <=> s)}),** leur permettrait de tenir en respect et contrôler l'irruption intempestive des ''*crampes mentales*'' (L. Wittgenstein), et autres perturbations de la sériosité du discours humain, comme l'abus de langage, le mensonge, l'hypocrisie, la démagogie

---

[31] Cette formule se lit ainsi : Dans une construction discursive, *l'abus de langage* résulte de la négation de la double implication nécessaire entre le signe (S) et le sens (s) ; c'est ce dont la *rigueur du discours* devrait préserver le locuteur.

[32] Cette formule, corrective de la précédente, se lit ainsi : Dans la construction d'un discours rationnel, le locuteur doit veiller à l'exigence de compatibilité onto-logique se traduisant par la préservation constante de la double implication entre le signe (S) et le sens (s).

[33] A cet effet, Bruno Latour, dans *Politiques de la nature. Comment faire entrer les sciences en démocratie* (Paris, La Découverte, 2004) se donne l'ambition de combler le fossé apparemment infranchissable séparant la ***science*** (chargée de comprendre la nature) et la *politique* (chargée de réguler la vie sociale), séparation dont les conséquences – affaires du sang, de l'amiante, de la vache folle… - deviennent de plus en plus catastrophiques. Il relève que ***l'écologie*** politique avait prétendu apporter une réponse à ce défi, mais elle peine, en réalité, à renouveler la vie publique. Il s'agit, donc, d'obtenir que la politique se fasse en dialoguant avec la science, pour le mieux-être de l'Humanité.

démocratique, etc., du moment où leur structure isomorphique commune est démasquée : **({AL = (S <≠> s)}).**

Grâce à ce dispositif, d'une part, l'inquiétude de Ludwig Wittgenstein (1990, 4.002) serait durablement apaisée : « Le langage travestit la pensée » et, d'autre part, l'élite philosophique, scientifique, intellectuelle et politique s'auto-psychanalyserait, pour recharger son discours en pertinence et crédibilité sociales.

C'est au moyen de ce dispositif technique de la *Philosophie de la rigueur* que le dernier chapitre de la recherche en cours essaie de répondre à sa question : ‘’*En quoi, le postulat de l'”Origi-ment” de la Philosophie serait-il le socle technique d'écriture d'une histoire mondiale et objective de la rationalité ?*”, suivant l'hypothèse : ‘’En tablant sur la trame réelle de l'histoire interculturelle de l'Humanité (1), levant stratégiquement la confusion logique entre les concepts origine et commencement (2) et garantissant la possibilité technique de fonder le discours en rigueur, par l'articulation du signe et du sens (3), le postulat de l'Origi-ment de la Philosophie *serait* l'instrument théorique pertinent, résilient et performatif d'écriture objective d'une histoire mondiale de la rationalité”.

A cet égard, quatre arguments permettraient de vérifier cette hypothèse. En *premier lieu*, pour la conscience cognitive occidentale, le refus de payer sa dette du sens envers l'Egypte pharaonique est un renoncement à l'exigence d'honnêteté intellectuelle, qui place ses productions théoriques sous la surdétermination des groupes de pression politico-financiers. En exigeant des autres sujets épistémiques du même Monde, qui comprend cinq continents (l'Afrique, l'Amérique, l'Asie, l'Europe et l'Océanie), l'honnêteté intellectuelle qu'elle ne s'applique pas à elle-même, la conscience cognitive occidentale ne joue pas pleinement le jeu de la rationalité, par l'observation de la règle majeure de l'esprit scientifique : *Ne dire que ce que l'on a observé, analysé, vérifié, comparé et conclu.* L'objectivité consiste à dire les choses comme elles sont, et non comme on veut qu'elles soient.

Ainsi, et alors que la conscience cognitive occidentale s'exprime dans sa propre langue, elle en arrive à ne plus voir la différence entre les termes *origine* et *commencement*, appliqués à la rationalité, en prenant sémantiquement l'un pour l'autre, comme des équivalents parfaits.

Et, pourtant, la réalité ne fonctionne pas ainsi. Si, par exemple, Monsieur Charles Palévoussa (gendarme congolais, village Ekami, Boundji), à travers l'expérience de la chose, injecte sa semence vitale dans le dispositif féminin de son épouse Pauline Ikamba (village Tsongo, Boundji), dont survient une grossesse, le 05 avril 1979, puis la naissance de l'enfant Raïssa Palévoussa, le 05 janvier 1980, à Makoua, en République du Congo, et que le Chef du district de Makoua établisse un *acte de naissance* devant régir la vie de cet enfant : on dira que l'injection de la semence vitale marque *l'origine* (source, provenance, genèse) de sa vie, dont la *naissance* marque le *commencement effectif* (début spatio-temporel), au sens où sa *vie* est la résultante de l'origine et du commencement.

En appliquant cette image de la naissance de l'enfant Raïssa Palévoussa à celle de la Philosophie, au regard des arguments mis en avant, respectivement, dans les premier et deuxième chapitres de la construction en cours, on obtient que *la Philosophie est d'origine égyptienne, mais, de commencement ou d'essence grec, et pour cause.*

En effet, de ce que l'on ne discute plus sur le *fait historique* que les premières générations d'étudiants grecs (Thalès, Solon, Pythagore, Xénophane, Anaxagore, Démocrite, Empédocle, Hérodote, Hippocrate, Eudoxe de Cnide, Platon, Aristote, Plutarque, etc., cf. T. Obenga, 2017, p. 248) avaient été se faire former en Egypte pharaonique nègre (l'une des premières figures de l'immigration intellectuelle au Monde : celle de l'Europe vers l'Afrique), (1), qu'ils avaient été soumis préjudiciellement à la rigueur de l'initiation spirituelle par les prêtres, dans les couvents, avec la *discrétion* et le *sens du secret* comme recommandations majeures (2), et qu'en rentrant chez eux, ces étudiants ont *brisé les recommandations reçues*, en créant des *écoles privées de Philosophie*, où les parents, qui en avaient les moyens, pouvaient mettre leurs enfants en formation et ne plus les envoyer en Egypte, nécessairement, avec le *nouveau principe de discussion critique et publique sur les acquis du Savoir* (3), en croisant syntaxique, sémantique et pragmatique, la conclusion logique et pertinente que l'on puisse en tirer, critiquement et prospectivement, est que la Philosophie, en tant que recherche de la Vérité et de la Sagesse, par la curiosité, l'étonnement, la réflexion et la raison, dont Platon, Aristote, Descartes et Asimov ont dit qu'ils sont *naturels* et *égaux* en tous les hommes, est d'origine égyptienne *et* de commencement grec : les Egyptiens, dont les pyramides sont le témoignage d'efficacité cognitive, ont formé et transmis le Savoir aux Grecs qui, à leur tour, lui ont conféré son essence critique.

Au regard de la double implication logico-sémantique entre l'origine (O) et le commencement (C), telle que : **({P = (O <=> C)})**[34], au sens où, comme il en est de la relation entre la *puissance* et *l'acte* dans tout étant, l'origine implique le commencement, qui s'explique par elle. Pour cette raison onto-logique, aucun peuple au Monde ne pourrait, *objectivement*, c'est-à-dire en considération de l'histoire réelle de l'Humanité, qui est plutôt interculturelle, revendiquer la paternité exclusive de l'avènement de la Philosophie, du Savoir ou de la rationalité : en son âme et conscience, et sans gêne.

Par ailleurs, la naturalité et l'universalité de la raison en tous les hommes ne suffisant pas, chaque être humain en use, sans ignorer le code éthique de sa communauté géo-historique d'ancrage. C'est pourquoi, vouloir universaliser ou harmoniser la pratique de la raison, dans la conquête de la Vérité et de la Sagesse, est simplement illusoire et hégémoniste, usage de l'*argument d'autorité*, là où l'*autorité de l'argument* est requise.

Ainsi, le *postulat de l'Origi-ment de la Philosophie*[35], ou du Savoir mondial, synthèse conceptuelle des apports culturels des Egyptiens et Grecs

---

[34] Cette formule ni logique, ni ontologique, mais, onto-logique, se lit ainsi : au regard de l'histoire interculturelle réelle de l'Humanité, l'avènement de la Philosophie (P), du Savoir ou de la Rationalité mondiale, est la résultante de la synthèse critique, dynamique et prospective de son origine égyptienne avérée d'avec son commencement grec effectif, ou essence critique grecque remarquée.

[35] Le terme ***Origi-ment*** est obtenu, en combinant la racine du mot ***origine*** avec la terminaison de *commence**ment***.

antiques à la Civilisation humaine, résume bien et simplement son long et laborieux avènement, que les générations humaines présentes et futures devraient ne pas ignorer, et transmettre à leur tour, afin que le mensonge institutionnel ne soit plus enseigné dans les Universités du Monde, ces hauts lieux de formation honnête et sincère de la conscience humaine dans les valeurs de Vérité, Bonté et Beauté.

En *deuxième lieu*, le règlement de la dette du sens, existentiellement traduisible par le respect de la parole donnée, et l'honnêteté intellectuelle, mystiquement motivée, constitue le socle de la pensée et l'agir humain, mais, étouffe l'initiative prospective.

En effet, dans l'environnement anthropo-sociologique kamito-africain endogène, grâce au principe de primauté de l'initiation spirituelle sur la formation au Savoir, l'homme est élevé de façon que la sacralité de sa parole soit toujours avérée et coïncide avec sa qualité de vie ; la violation de ce serment se paie en vie (adultère, vol, sorcellerie non-avoués, etc.).

Les deux images, présentées en annexe du présent ouvrage, illustrent cet univers culturel très austère, qui ne laissait pas de place à la compromission, jusqu'à ce que l'Occident y injecte violemment son venin de permissivité, corruption et ruse : l'initiation d'un enfant par son grand-père, et la consigne mystique de préservation du bien privé.

De même, le code épistémo-éthique de formation de la jeunesse prévoit et présente *l'imbrication du spirituel et matériel comme clé du bonheur humain sur terre*. La connaissance des lois de l'Univers, par l'étude et l'expérience existentielle, dont les résultats sont sauvegardés et transmis *oralement*, à travers proverbes, contes, mythes et légendes, constituant un *système oral du Savoir*, est conçue comme gage du bonheur et de la longévité de l'homme sur terre.

La systématicité de la conception kamito-égyptienne de l'Univers se traduit, tant au niveau théorique de la formation de la jeunesse à la conquête du Savoir qu'au niveau pratique de la relation humaine intersubjective, ainsi que le rapporte N. K. Omotundé (2021, p.32) :

Notre culture ancestrale repose sur une notion assez particulière, c'est celle nommée ''*Intrication*''. Cette idée reposant sur la perception d'un déploiement inclusif et/ou enchevêtré de nombreux univers (sciences, cultures, spiritualité, astronomie, etc.) est aux antipodes de la notion de ''*cloisonnement*'', car, elle rejoint, dans son fondement, l'un des domaines de la mécanique quantique, celui connu sous le nom d'*Intrication quantique.*

Dans la vie pratique, chaque homme a été préparé à pouvoir s'occuper des différents aspects de ses responsabilités sociales, en lien avec le système oral du Savoir, qui a cours dans les sociétés en contexte d'oralité, et que Didier Ngalebaye rapporte comme suit (2023, pp. 66-69) :

Système de culture, sauvegarde et transmission du savoir dans les sociétés en contexte d'oralité				
N°	**Entité**	**Statut théorique**	**Fonction épistémique**	**Enjeu**
1.	Proverbe	Le proverbe représente la *synthèse*, stratégiquement anonymée[36], du savoir théorique et pratique expérimenté sur la durée, en raisonnant *abductivement*[37], et dont on peut retrouver l'auteur, en procédant phénoméno-	La fonction du proverbe est de *rappeler* les acquis du savoir historique, au moment d'enquêter sur un nouvel objet de discours. Ce rappel des acquis est toujours et en même temps une invitation à la *prospective*.	L'enjeu de l'usage du proverbe dans la conduite du discours et de l'action est la *préservation* de la mémoire épistémique.

[36] Les sociétés en contexte d'oralité, étant marquées par le primat du *Nous* sur le *Je,* utilisent ce mécanisme d'anonymat intellectuel, pour dompter l'orgueil humain attaché à la reconnaissance des droits d'auteur. C'est pourquoi, dans l'Egypte pharaonique, toutes les connaissances élaborées par les prêtres dans les couvents étaient portées à l'honneur du Pharaon seul.

[37] Elaboré par Peirce, autant que nous sachions, le *raisonnement abductif,* à l'inverse de la *déduction*, consiste à partir de la conclusion obtenue, pour remonter et reconstituer les principes initiaux du raisonnement ayant permis ce résultat.

Système de culture, sauvegarde et transmission du savoir dans les sociétés en contexte d'oralité				
N°	**Entité**	**Statut théorique**	**Fonction épistémique**	**Enjeu**
		prospectivement[38], par exemple.		
2.	Conte	En vue de préserver les acquis du savoir, le conte, à travers des récits marquants, est un *aide-mémoire*[39].	La fonction épistémique du récit, en tant qu'aide-mémoire, est de *surmonter* la faiblesse de l'oralité à la frontière de l'oubli.	L'enjeu de l'usage du conte est la *fixation* de la mémoire, rendant pédagogiquement les connaissances inoubliables à la mémoire orale.
3.	Mythe	Le mythe est une *théorie explicative des questionnements* dans lesquels la *curiosité* installe l'entendement humain.	La fonction épistémique du mythe est *d'illustrer* le savoir acquis dans les consciences citoyennes.	L'enjeu de l'usage du mythe est la *structuration* cohérente des acquis du savoir dans la mémoire collective à transmettre aux générations suivantes.
4.	Légende	L'usage de la légende, récit merveilleux, est le	La fonction épistémique de	L'enjeu de l'usage de la légende dans

[38] Ici, le geste pensant part du *fondé* vers sa fondation (1), pour accéder à l'explication causale du phénomène en étude, déployer et explorer le temps qui vient, partant de cette découverte enracinante (2).
[39] C'est ici que la musique traditionnelle joue un rôle pédagogique majeur : ainsi, en 30 minutes, il est plus efficient d'écouter le chant *Omwe* d'Apaka A Mbossa, griot congolais du *Groupe Vocal bantou*, pour comprendre la restitution des acquis du savoir sur la migration ayant conduit au peuplement de la République du Congo actuel, concernant précisément le groupe démolinguistique des *Mbosi*, que de lire les deux tomes de Théophile Obenga (sous la direction scientifique), *Les peuples Bantu. Migrations, expansion et identité culturelle,* Actes du colloque de Libreville, 1-6 avril 1985, Paris, L'Harmattan, 1989.

Système de culture, sauvegarde et transmission du savoir dans les sociétés en contexte d'oralité				
N°	Entité	Statut théorique	Fonction épistémique	Enjeu
		moyen de *raccordement* de la conscience individuelle à Dieu, le Créateur.	l'usage de la légende dans la construction du savoir est d'*amener* la conscience individuelle à conquérir la distinction entre le Sacré et le profane.	la construction de la connaissance est la *conquête* du discernement.

Ce schéma complexe appelle le développement d'une pensée et d'une pratique sociopolitique tout autant complexe, que la littérature occidentale post-grecque, conduite par le préjugé et l'orgueil hégémoniste, que l'histoire interculturelle de l'Humanité n'explique pas, considère, au mieux, comme de *simples croyances*, ne pouvant avoir le statut de *savoirs*, mais, ne commente pas l'exploitation que Platon fait du mythe dans sa philosophie. Elle choisit uniquement de se mettre à dos les précieux conseils de Platon (*Sophiste*) : le savoir vrai, *épistémè,* survient par la critique et la destitution de l'opinion, *doxa,* et la formation de l'esprit scientifique et l'avènement du nouvel esprit scientifique se font, en surmontant les obstacles épistémologiques, ou préjugés (Bachelard).

La recomposition technique en cours de l'itinéraire de l'avènement de la Philosophie mondiale aurait pu trouver se contenter des arguments décisifs de Grégoire Biyogo (2002, pp. 67-69) :

> Ce qui apparait de plus en plus clairement dans les travaux anciens et actuels, c'est que la philosophie est une *initiative* des prêtres égyptiens, à travers cinq écoles de pensée : *l'école de Thèbes*, articulée autour de la philosophie thébaine des Mystères ; *l'école de Memphis*, avec la philosophie memphite dirigée vers l'ontologie fondamentale, au sens heideggérien ; *l'école d'Héliopolis,* donnant une large part à la cosmologie ; *l'école de Saïs,* avec la philosophie Saïte, dominée par le prêtre Sonchis) et *l'école amamienne,* avec la révolution théologique, plastique et philosophique introduite par Akhenaton.

De même est-il apparu que les prêtres égyptiens ont été les principaux maitres des cinq écoles philosophiques. Et que ces prêtres ont instruit leurs élèves grecs qui venaient apprendre l'astronomie, la géométrie, la philosophie et la théologie [...].
Les Grecs, *élèves* des prêtres égyptiens, ont cependant un mérite – bien qu'ils n'aient jamais cité leurs maitres, ce qui est un plagiat fort peu honorable : celui d'avoir *sorti* la philosophie des temples. Et celui de l'avoir portée à l'Agora, l'exposant à *l'échange contradictoire* et mettant à l'épreuve ce discours lui-même. La *laïcisation* de la philosophie va ainsi créer un *nouvel esprit scientifique* qui rompt totalement avec le *modèle méditatif et secret* de la philosophie des Mystères des Anciens Egyptiens.
Toutefois, risquant ainsi de transformer la philosophie en terre Inionienne, sans en nommer la *source nilotique*, et risquant de l'ouvrir ainsi à la *doxa*, la philosophie grecque allait de bonne heure manquer la configuration ontologique du système des Mystères [...].
La confusion de l'Etre et de l'Etant devient inéluctable, etc.

Le refus idéologique de payer sa dette du sens envers l'Egypte pharaonique nègre conduira la pensée occidentale, alors, coupée de l'exigence d'honnêteté intellectuelle qu'elle prêche, dans des apories théoriques lamentables. On aurait pu se contenter de cet éclairage de Grégoire Biyogo, si lui-même n'entretenait pas la *confusion* que nous traquons dans le texte en cours, entre *origine* et *commencement* de la Philosophie, ainsi que le révèle le passage suivant (G. Biyogo, 2002, p.92) :

En définitive, la philosophie prend *naissance* dans les sanctuaires de Thèbes, de Memphis, d'Héliopolis, de Saïs et de l'Almarna.

Logiquement, comme *la naissance* ne peut pas, sémantiquement, précéder *l'origine*, il ne serait pas non contradictoire de tenir les deux propos suivants, soulignés en gras par nous, et mis en face l'un de l'autre dans le tableau ci-après :

Propos 1	**Propos 2**	**Observation transversale**
« Les Grecs, **élèves** des prêtres égyptiens, ont cependant un mérite – bien qu'ils n'aient jamais cité leurs maitres, ce qui est un plagiat fort peu honorable : celui d'avoir **sorti** la philosophie des temples ».	« En définitive, la philosophie prend **naissance** dans les sanctuaires de Thèbes, de Memphis, d'Héliopolis, de Saïs et de l'Almarna ».	Le recours au Temps peut être l'argument technique permettant de démêler la confusion conceptuelle, comme à l'image de l'enfant Raïssa Palévoussa, entre **origine** (source, provenance= et

		commencement (début effectif, naissance), d'autant plus qu'il s'est passé près de 2000 d'histoire (T. Obenga, 2017, p.60) entre le moment où la pensée égyptienne endogène s'affermit et le moment choisi par la jeunesse grecque, pour aller s'y faire former : ce décalage est de l'ordre de l'origine **et** du commencement ou de la naissance, et non de l'origine **comme** commencement ou naissance.

En recoupant la littérature et les données de terrain, que notre approche méthodologique a choisi de croiser, il se trouve que cette *confusion* entre origine et commencement ou naissance est *universelle,* en étant partagée par les partisans des deux postulats basiques étudiés ici.

C'est pourquoi, afin de tenter de surmonter ces deux intégrismes épistémologiques régionaux : *La Grèce du 6ème siècle, avec Thalès, est le lieu d'origine et de naissance exclusif de la Philosophie, du Savoir ou de la Rationalité* (1), et : *L'Egypte pharaonique est l'origine absolue de la Philosophie, du Savoir ou de la Rationalité mondiale* (2), le *postulat de l'Origi-ment de la Philosophie*, que nous suggérons, au moyen de l'argument de l'interculturalité historique avérée, se donne à voir comme postulat médian et socle technique d'écriture d'une histoire objective et mondiale de la Rationalité, à la lumière duquel, devrait pouvoir être reconsidérées toute la littérature existante et la pédagogie mondiale des acquis du Savoir humain.

Conclusion

La recherche, qui s'achève, a porté sur le titre : *''Origi-ment'' de la Philosophie et objectivité de la Rationalité mondiale*, avec comme problème de recherche : ''*Comment construire techniquement un modèle d'écriture d'une histoire de la rationalité mondiale, qui soit réellement objective, et débarrassé de tout préjugé idéologico-raciste ?*'', que nous avons traité au moyen de la méthode phénoméno-prospectiviste.

La vérification des hypothèses engagées nécessitait un champ élargi de connaissances que nous n'avons pas, nous contenant de la fibre philosophique face à cet objet immensément complexe.

Au-delà de cette difficulté technique, nous sommes parvenus aux résultats suivants :

1. L'exercice de *phénoméno-prospective* de la conscience cognitive occidentale présente, mené dans le premier chapitre de cette recherche, montre que le modèle occidentaliste de rationalité revient à conforter l'énoncé que la Grèce du 6ème siècle, avec Thalès, constitue aussi bien *l'origine* que le *commencement* ou la *naissance* de tout le patrimoine pensé et cognitivo-technologique, dont l'Humanité plurielle se réjouit aujourd'hui ;
2. Le modèle kamito-africain de rationalité, quant à lui, revient à conforter l'énoncé que l'Egypte est *l'origine avérée* de la rationalité mondiale, au regard de l'histoire interculturelle réelle du Monde, mais, sans se préoccuper de ce que le rapport de l'entendement des citoyens africains de la période postcoloniale à la rationalité est devenu ;
3. Face à cette dichotomique paradigmatique, le nouveau postulat unifié, et non unificateur, de l'*Origi-ment de la rationalité*

mondiale[40], qui surmonte critiquement et prospectivement, tant le postulat occidentaliste de la rationalité que le postulat kamito-africain de la rationalité : le premier, en renonçant à l'*exigence d'honnêteté intellectuelle*, par le fait historique de refuser de payer sa *dette du sens* envers l'Egypte pharaonique nègre, retombe dans la pseudoscience, que la Philosophie européenne analytique classique dénonça, tandis que le deuxième, en se référant toujours à l'Egypte pharaonique, sans expliquer la persistance de l'imbécilité et du trouble de discernement attachés à la configuration présente de l'entendement des citoyens africains de la période postcoloniale, risquerait de rater l'opportunité historique de s'en débarrasser durablement par un *dispositif endo-exogène*, ayant impact sur les plans épistémique, éthique, juridique et institutionnel de sa recherche en cours du *meilleur Gouvernement de la Cité*.

Ce résultat, auquel est parvenue la présente recherche, concernant le *Projet d'avènement d'une rationalité objective dans le Monde*, met clairement en avant la triple idée que le postulat de la rationalité occidentale est un *intégrisme épistémologique amnésique* (1), le postulat de la rationalité kamito-africain est une *poussée cognitive plus éthique qu'épistémologique*, tout en étant partiellement fermé à la prospective (2), et que la perpétuation de leur guéguerre dans les Universités du Monde alimente, partiellement, la surdétermination de la conscience cognitive occidentaliste par des groupes de pression idéologico-racistes et financiers, bailleurs de fonds de la Recherche, et qui trouve l'imbécilité et le trouble du discernement dans les sociétés en contexte d'oralité, comme terreau favorable, pour se relayer de manière exo-endogène (3).

Par-delà la double exclusion mutuelle des modèles occidentaliste et kamito-africain de rationalité, une écriture objective de l'histoire de la Rationalité devra, désormais, intégrer les gestes théoriques et heuristiques des acteurs ayant respectivement contribué à son *origine*, son *commencement* et sa

[40] Pour les besoins du signalement historiographique et de la démonstration technique, ce nouveau concept est présenté avec le trait d'union, afin d'en resituer la genèse, mais, dans l'usage, on ferait mieux de s'en passer, en l'écrivant désormais en un seul mot : *Origiment.*

pérennisation : en leurs aspects historico-géographique, linguistique, éthique, conceptuel, technique et politique.

Pour cela, le sens de notre plaidoyer est que, dans et pour cette Humanité où, les crises se multiplient, sans que les solutions ne suivent, à cause du conflit d'intérêts, il devient utile, nécessaire et urgent que les philosophes, chercheurs, intellectuels et professionnels divers, laissent la politique aux politiciens, pour servir l'Humanité plurielle, en étant branchés sur les codes éthiques et déontologiques de leurs métiers, à l'abris du délit d'initié et de la méprise.

Ainsi, en faisant prévaloir leur statut de *fonctionnaires de l'Humanité plurielle*, accidentellement nés quelque part dans le Monde, ils pourront développer et déployer *une parole publique universellement crédible*, qui éclairera et rassurera, réellement, tant l'opinion plurielle que les décideurs nationaux, internationaux, bilatéraux et multilatéraux.

Cette *nouvelle culture du mieux-vivre-ensemble planétaire* nécessite *une pédagogie générale*, qui devrait découler de l'adoption d'un modèle unifié, mais, non unificateur, de rationalité, qui présente objectivement l'avènement de la Rationalité mondiale, telle que l'histoire interculturelle réelle vécue par les peuples du Monde en témoigne, en maintenant la tension entre l'esprit scientifique et l'esprit parascientifique, à l'abris de tout préjugé d'ordre idéologico-raciste.

C'est là, que nous proposons le nouveau postulat unifié, et non unificateur, d'*Origi-ment de la Rationalité mondiale*, qui surmonte critiquement et prospectivement, tant le postulat occidentaliste que le postulat kamito-africain de la Rationalité : le premier, en renonçant à l'*exigence d'honnêteté intellectuelle*, par le fait historique de refuser de payer sa *dette du sens* envers l'Egypte pharaonique nègre, retombe dans la *pseudoscience*, tandis que le deuxième, en se référant toujours à l'Egypte pharaonique, sans expliquer la persistance de l'imbécilité et du trouble de discernement attachés à la configuration présente de l'entendement du citoyen africain postcolonial, risquerait de rater l'opportunité historique de s'en dégager, durablement, par et dans un *dispositif endo-exogène*, ayant impact sur les plans épistémique, éthique, juridique et institutionnel.

A un moment où les études, la recherche, les affaires, la diplomatie, les activités professionnelles diverses, l'expérience de la chose ou l'Amour, etc., poussent les citoyens du même Monde à traverser les frontières de l'immigration, pour se retrouver où ils ne sont pas nés, avec leur mémoire historique (codes épistémo-éthiques), il devient nécessaire et urgent d'élaborer et de mettre en œuvre *une pédagogie mondiale*, basée sur *l'historicité de l'avènement de la Rationalité mondiale*, en s'appuyant uniquement sur *l'esprit scientifique*, alimenté par l'argument interculturel entre la Grèce et l'Egypte pharaonique nègre, en se fermant, ouvertement, à toutes pressions de nature parascientifique.

Visiblement, la conquête du contenu de cette pédagogie mondiale attendue, qui consiste simplement à dire, prescrire et enseigner la Vérité historique, obtenue après observation, analyse et confrontation des données *ora-turées* recueillies, passerait par *l'institutionnalisation universitaire du Postulat de l'Origi-ment de la Philosophie ou du Savoir mondial*, comme modèle pertinent, résilient et performatif d'enseignement et de recherche, afin que la joie puisse habiter la conscience cognitive de l'homme, partout où il se trouve dans le Monde.

Car, enseigner et chercher joyeusement, dans l'horizon théorique de la *Sérendipité,* pourrait conduire à des découvertes, qui alimentent le *mieux-être de l'Humanité plurielle*, plutôt que les chimères actuelles, générées par l'encombrement idéologico-raciste de la conscience cognitive des humains.

Sur cette *base épistémo-éthique*, articulant dialogiquement Savoir et Sagesse, des activités comme l'enseignement, la recherche, la politique, l'économie, le commerce, etc., pourraient devenir équitables ; sinon, jamais.

Les résultats de la recherche, menée dans le présent ouvrage, prescrivent à la conscience épistémique mondiale le devoir éthique de se structurer, *désormais*, sur une base objective et impartiale, capitalisant *l'argument de l'interculturalité avérée entre l'Egypte pharaonique nègre et la Grèce antique*, pour réécrire, conséquemment, l'Histoire de la Philosophie mondiale (ainsi que celle de toutes les autres disciplines académiques), des Sciences et techniques et de l'Epistémologie, qui pourront être enseignées dans les Universités du Monde entier, en étant débarrassées des *accointances idéologico-racistes*, comme aujourd'hui.

Bibliographie :

1. ANDLER Daniel, FAGOT-LARGEAULT Anne et BERNARD Saint-Sernin, 2008, *Philosophie des sciences II,* Paris, Gallimard.
2. ASIMOV Issac, 1985, *Grandes découvertes de la science,* Manilles, Editions Nouveaux Horizons.
3. BACHELARD Gaston, 1983, *La formation de l'esprit scientifique,* Paris, Vrin.
4. BIYOGO Grégoire, 2002, *Aux sources égyptiennes du savoir,* Paris, Menaibuc.
5. BIYOGO Grégoire, 2002, *Origine égyptienne de la philosophie,* Paris, Menaibuc.
6. BROUSSEAU Kate, 1904, *L'éducation des nègres aux Etats-Unis,* Paris, Félix Alcan.
7. DELEUZE Gilles, GUATTARI Félix, *Qu'est-ce que la philosophie ?* Paris, Minuit, 2005.
8. DESCARTES René, 2000, *Discours de la méthode pour bien conduire sa raison et chercher la vérité dans les sciences,* présentation, notes, dossier, bibliographie et chronologie par Laurence Renault, Paris, Flammarion.
9. FAKOLY Doumbi, 2020, *Initiation et sociétés secrètes kamites,* Maat Kem Editions, Paris.
10. FOUCAULT Michel, 2020, *L'ordre du discours,* Leçon inaugurale prononcée au Collège de France, le 2 décembre 1970, Paris, Gallimard.
11. HERSCH Jeanne, 2020, *L'étonnement philosophique. Une histoire de la philosophie,* Paris, Gallimard.
1. HUSSERL Edmund, 1977, *La crise de l'humanité européenne et la philosophie,* traduction de Paul Ricoeur, Paris, Aubier.
12. JAMBLIQUE, 1996, *Vie de Pythagore,* Paris, Editions Belles Lettres.
13. NADEAU Robert (sous la dir.), 2009, *Philosophies de la connaissance,* Montréal, Presses de l'Université de Montréal, Vrin.
14. NGALEBAYE Didier, 2016, *Philosophie de la rigueur et développement, I,* Paris, Publibook.
15. NGALEBAYE Didier, 2023, *La problématique philosophique dans les sociétés en contexte d'oralité,* Douala, Edi-CAD.
16. OBENGA Théophile, 2017, *L'Egypte, la Grèce et l'école d'Alexandrie. Histoire interculturelle dans l'Antiquité. Aux sources égyptiennes de la philosophie grecque,* Paris, L'Harmattan.
17. OMOTUNDE Jean-Philippe, 2000, *L'origine négro-africaine du savoir grec, 1,* Paris, Menaibuc.
18. OMOTUNDE Nioussséré Kalala, 2021, *Cosmogénèse kamite, 4,* Editions Anyjart, Baie-Mahault.
19. WITTGENSTEIN Ludwig, 1990, *Tractus logico-philosophicus,* suivi de *Investigations philosophiques,* traduction de Pierre Klossowski, Paris, Gallimard.

Brazzaville, le 27 octobre 2025,

Otwere_ossoh@yahoo.fr

Annexes théoriquement utiles

Annexe I : ***Rituel ''Léfourou'' d'initiation spirituelle et de transfert d'onction chez les Mbosi du Congo :***

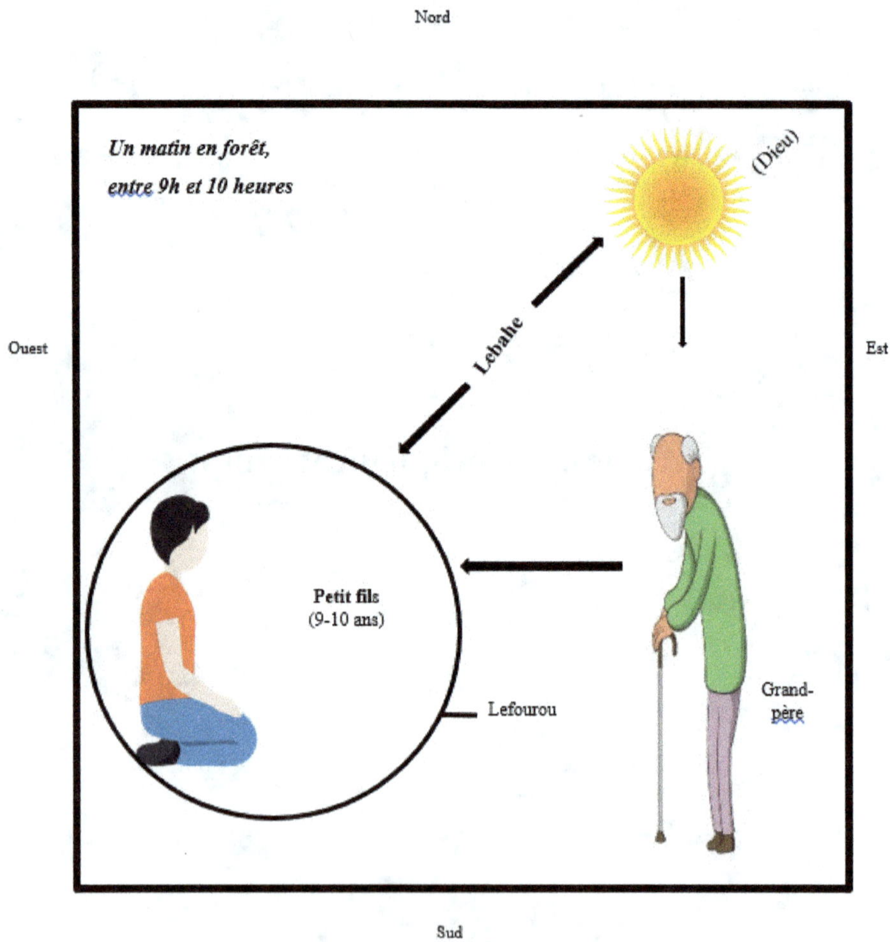

Annexe II : ***Consigne spirituelle de préservation du bien d'autrui :***

Annexe III : *Protocole d'enquête épistémo-éthique*

Thème : ....

Problème de recherche : ....

Auteur : ....

N°	Opérations	Patrimoines cognitifs et techniques	Contenu	Résultats
1	*Diagnostic historique* du problème en étude (récolte des données suivant les techniques des sciences humaines et répondant au questionnaire élaboré à cet effet, pour préparer la réponse radicale à question : *Quel est l'état du problème dans les périodes antécoloniale, coloniale et postcoloniale ?*).	Acteurs, systèmes, pensées, connaissances et techniques endogènes de la période *antécoloniale*	Description du contenu des patrimoines reconstruits au moyen du traitement technique des témoignages recueillis oralement.	
		Acteurs, systèmes, pensées, connaissances et techniques endogènes de la période *coloniale*	Description du contenu des patrimoines reconstruits au moyen du traitement technique des témoignages recueillis oralement et par écrit.	
		Acteurs, systèmes, pensées, connaissances et techniques endogènes de la période *postcoloniale*	Description du contenu des patrimoines reconstruits au moyen du traitement technique des témoignages recueillis oralement et par écrit.	

N°	Opérations	Patrimoines cognitifs et techniques	Contenu	Résultats
2	*Confrontation des résultats* du diagnostic historique d'avec, d'une part, le résidu des traditions endogènes survivant à travers la mémoire orale des citoyens et, d'autre part, le patrimoine exogène ayant envahi l'Afrique depuis la colonisation, pour préparer la réponse radicale à la question : *Quel est l'état du problème, après cette confrontation ?*	Présenter les acteurs, systèmes, pensées, connaissances et techniques de la période contemporaine ou postcoloniale, en fonction des différents secteurs de la vie sociale dessinés par la structure du Gouvernement.	Cette confrontation met en évidence un contenu endo-exogène de pensée et réalité sectorielle, tout en précisant la pondération (%) des parts respectives de l'endogénéité, l'exogénéité et l'endo-exogénéité, pour alimenter l'opérationnalisation de la résolution du problème étudié.	
3	*Projection technique* de l'Afrique qui vient, pour préparer la réponse radicale à la question : *Partant de l'état actuel du problème étudié et tiré du diagnostic*	Regroupement des acteurs, systèmes, pensées, connaissances et techniques endo-exogènes, en vue de préparer des projets de lois sectorielles de programmation du Développement, que le Gouvernement soumettra au	Sur le plan épistémique,	
			Sur le plan éthique,	
			Sur le plan juridique,	

N°	Opérations	Patrimoines cognitifs et techniques	Contenu	Résultats
	historique, quelles améliorations convient-il d'apporter, pour transformer ce problème en solution, sur les plans épistémique, éthique, juridique et institutionnel ?	Parlement, pour le temps qui vient. Il est nécessaire que cette loi comprenne des chapitres explicites portant sur les aspects épistémique, éthique, juridique et institutionnel de la solution du problème étudié. Par ailleurs, il est nécessaire que la loi prévoie ses mécanismes d'application et d'évaluation période, afin d'adosser conséquemment le budget du Ministère concerné sur son Programme d'activités.	 Sur le plan institutionnel,	

Annexe IV : *Protocole technique de présentation des résultats d'une recherche menée*[41] :

N°	Rubrique	Mode de formulation	Contenu textué
1	**Titre et Signature**	Suivi par une *Signature* mentionnant : le nom, le ou les prénoms, le grade, la spécialité, l'institution d'attache et l'e-mail de l'auteur, le *Titre* d'un article scientifique comprend deux lignes, au plus, avec possibilité d'un *sous-titre*, annoncé par deux points, le tout organisé autour des *concepts clés*, qui vont alimenter la formulation des différentes *articulations* du Développement, où seront vérifiées les *hypothèses de travail* induites par les différentes *questions de recherche*, générées par le *problème de recherche*, issu de la faiblesse de la *revue de*	

[41] Le présent *Protocole de rédaction d'un article en Lettres et Sciences Humaines* reprend le contenu du *Manuel de méthodologie de la recherche en Philosophie : Préparation, rédaction et présentation de mémoire et de Thèse,* adopté par la Formation doctorale de Philosophie de l'Université Marien NGOUABI (Brazzaville, Congo), le 28 décembre 2022, sur la base de la lecture critique des *NORCAMES 2017-2021 ;* de Michel Beaud, *L'art de la thèse,* Paris, La Découverte, 1993 ; de Jean-Claude Rouveyran, *Le guide de la thèse. Du projet à la soutenance,* Paris, Maisonneuve et Larose, 1999 ; de Yaovi Akakpo, *La recherche en Philosophie. De l'intuition du thème à la soutenance,* Paris, L'Harmattan, 2012, et de la *Charte de la thèse de Doctorat de l'Université Marien NGOUABI,* adoptée par le Conseil Technique en 2014.

N°	Rubrique	Mode de formulation	Contenu textué
		la littérature sur le *thème* de recherche choisi par le contributeur.	
2	**Résumé**	Le *Résumé* d'un article scientifique du domaine LSH, tenant dans un paragraphe unique, comporte la structure technique ci-après : 1. Rappels du *thème*, du *problème* de la recherche menée et de la *méthode* utilisée pour la vérification des hypothèses ; 2. Présentation des *résultats obtenus* (conclusions partielles répondant synthétiquement aux différentes questions de recherche) ; 3. *Commentaire* bref des résultats obtenus, qui en montre l'intérêt pour la communauté scientifique	

N°	Rubrique	Mode de formulation	Contenu textué
		internationale et l'Humanité.	
3	**Introduction**	Le contenu de *l'Introduction* d'un article scientifique comporte les huit (08) paragraphes obligatoires ci-dessous :	
A	*Thème*	Le thème d'une recherche s'énonce de l'une des manières quelconques : - L'articulation des concepts clés au moyen d'un connecteur logique (et, ou, et/ou, etc.), ou de tout autre indicateur spatio-temporel (dans, etc.) ; - Position en facteur du concept central clarifié par deux points comme sous-titre, etc.	
B	*Justification du choix du thème*	Dans le paragraphe suivant celui qui énonce le thème, le choix de ce dernier peut se justifier, soit en rapport avec les recherches passées, soit en lien avec un sujet d'actualité.	

N°	Rubrique	Mode de formulation	Contenu textué
C	*Revue de la littérature*	La revue de la littérature énumère les principales études déjà réalisées *sur le même sujet*, ou *autour,* en en montrant, tant les forces que les faiblesses, de façon à justifier et motiver une nouvelle recherche visant à contribuer à l'accroissement de la connaissance.	
D	*Problème posé*	La formulation du *problème de recherche* consiste à transformer le titre en une question directrice comportant implicitement des séquences devant alimenter la formulation des articulations successives du *Développement*.	
E	*Problématique* : La formulation du contenu de la problématique repose sur le *principe de proportionnalité* : il doit y avoir autant de questions de recherche que d'hypothèses, d'articulations du	Questions de recherche	QR1 :
			QR2 :
			QR3 :
		Hypothèses de travail	HT1 :
			HT2 :
			HT3 :
			Méthode transversale :

N°	Rubrique	Mode de formulation	Contenu textué
	Développement et de résultats attendus, pour une même méthode transversale de vérification des hypothèses (H), dont la formulation consiste à mettre le verbe d'action de chaque question de recherche au *conditionnel.*	Méthode de vérification des hypothèses	
F	*Objectif*	La formulation de l'objectif de la recherche consiste à *mettre le verbe d'action du problème de recherche à l'infinitif*, en évitant la mention des *objectifs secondaires,* dont la vocation est de déséquilibrer le Développement (atteinte au principe de proportionnalité).	
G	*Enjeu/intérêt*	La formulation de *l'enjeu* de la recherche transforme et présente le verbe d'action de l'objectif *sous forme de substantif.*	
H		L'annonce du plan de rédaction de l'article présente les intitulés des	

N°	Rubrique	Mode de formulation	Contenu textué
	Plan	articulations, qui seront traités au niveau du *Développement*, auquel revient la charge technique de l'argumentation et la preuve, avec pour indicateur d'appréciation : *hypothèse vérifiée* ou *non.*	
4	**Développement**	Le travail du *Développement* consiste à traiter les différentes questions de recherche, à travers la vérification de leurs hypothèses de travail corrélées, au moyen d'arguments. Le *principe de proportionnalité,* qui exige que le nombre des questions de recherche, hypothèses de travail, articulations et résultats attendus soit le même, afin de garantir la pertinence, la cohérence et la progressivité de l'argumentation vers l'objectif de la recherche menée. L'ensemble de la structure technique de la démonstration est joint en Annexe.	

N°	Rubrique	Mode de formulation	Contenu textué
5	**Conclusion**	Au-delà des styles de rédaction propres à chaque auteur, la structure générique de la *Conclusion* d'un article scientifique est la suivante : 1. Rappels du thème, du problème et de la méthode employée ; 2. Indication de la principale difficulté rencontrée dans la vérification des hypothèses (principe d'honnêteté) ; 3. Présentation des résultats obtenus (réponses nettes, claires et précises aux questions de recherche et se trouvant dans la conclusion partielle de chaque séquence du Plan) ; 4. Commentaire sur les résultats ; 5. Perspectives.	

N°	Rubrique	Mode de formulation	Contenu textué
6	**Références documentaires**	En l'absence d'un système universel de présentation des *notes de bas de pages* et de la *Bibliographie* d'un article scientifique, l'auteur en choisit un de ceux qui existent (Normes CAMES, normes APA, VANCOUVER, édition 2018, etc.) ou qu'il a mis au point lui-même, tout en s'astreignant à le pratiquer du début à la fin. N'entrent dans la Bibliographie que les textes divers effectivement cités, en les classant par ordre alphabétique des noms d'auteurs.	
7	**Annexes éventuelles**	Afin de compléter la démonstration faite le long de l'article, l'auteur peut joindre des images ou tableaux pertinents.	

Brazzaville, le 27 octobre 2025,

Otwere_ossoh@yahoo.fr

Annexe V : ***Proposition de réorganisation interculturelle des Programmes d'enseignement et de recherche dans les Universités du Monde :***

Thématique	Contenu	Objectif
Histoire de la quête du Vrai, du Bien et du Beau	La Méditation pour la Vérité dans la civilisation kamito-africaine	Former des esprits endo-exogènes utiles au Développement et pouvant travailler n'importe où dans le Monde
	La Réflexion pour la Vérité dans la civilisation gréco-occidentale	
	Méditation et Réflexion pour la Vérité dans le Monde actuel	
Logique, argumentation et éthique	Logique, argumentation et éthique dans la civilisation kamito-africaine	Former des esprits endo-exogènes utiles au Développement et pouvant travailler n'importe où dans le Monde
	Logique, argumentation et éthique dans la civilisation gréco-occidentale	
	Logique, argumentation et éthique dans le Monde actuel	
Histoire des sciences et techniques	Histoire des sciences et techniques dans la civilisation kamito-africaine	Former des esprits endo-exogènes utiles au Développement et pouvant travailler n'importe où dans le Monde
	Histoire des sciences et techniques dans la civilisation gréco-occidentale	
	Histoire des sciences et techniques dans le Monde actuel	
Epistémologie, savoirs endogènes et technosciences occidentales	Epistémologie des savoirs endogènes	Former des esprits endo-exogènes utiles au Développement et pouvant travailler n'importe où dans le Monde
	Epistémologie des technosciences occidentales	
	Epistémologie et complexité du Savoir dans le Monde actuel	
Philosophie morale et politique	Philosophie morale et politique dans la civilisation kamito-africaine	Former des esprits endo-exogènes utiles au

Thématique	Contenu	Objectif
	Philosophie morale et politique dans la civilisation gréco-occidentale	Développement et pouvant travailler n'importe où dans le Monde
	Philosophie morale et politique dans le Monde actuel	
Gouvernance politique, droit, économie et finance	Gouvernance politique, droit, économie et finance dans la civilisation kamito-africaine	Former des esprits endo-exogènes utiles au Développement et pouvant travailler n'importe où dans le Monde
	Gouvernance politique, droit, économie et finance dans la civilisation gréco-occidentale	
	Gouvernance politique, droit, économie et finance dans le Monde actuel	
Défense, stratégie et sécurité	Défense, stratégie et sécurité dans la civilisation kamito-africaine	Former des esprits endo-exogènes utiles au Développement et pouvant travailler n'importe où dans le Monde
	Défense, stratégie et sécurité dans la civilisation gréco-occidentale	
	Défense, stratégie et sécurité dans le Monde actuel	
Identité, vivre-ensemble et Prospective	Identité, vivre-ensemble et Prospective dans la civilisation kamito-africaine	Former des esprits endo-exogènes utiles au Développement et pouvant travailler n'importe où dans le Monde
	Identité, vivre-ensemble et Prospective dans la civilisation gréco-occidentale	
	Identité, vivre-ensemble et Prospective dans le Monde actuel	
Spiritualité, mythe, religion et société	Spiritualité, religion et société dans la civilisation kamito-africaine	Former des esprits endo-exogènes utiles au Développement et pouvant travailler
	Spiritualité, mythe, religion et société dans la civilisation gréco-occidentale	

Thématique	Contenu	Objectif
	Spiritualité, mythe, religion et société dans le Monde actuel	n'importe où dans le Monde
Codification du Savoir	Codification du Savoir dans la civilisation kamito-africaine	Former des esprits endo-exogènes utiles au Développement et pouvant travailler n'importe où dans le Monde
	Codification du Savoir dans la civilisation gréco-occidentale	
	Codification du Savoir dans le Monde actuel	
Art et Société	Art et société dans la civilisation kamito-africaine	Former des esprits endo-exogènes utiles au Développement et pouvant travailler n'importe où dans le Monde
	Art et Société dans la civilisation gréco-occidentale	
	Art et Société dans le Monde actuel	
Evaluation du Savoir	Modèles endogènes d'évaluation du Savoir	Former des esprits endo-exogènes utiles au Développement et pouvant travailler n'importe où dans le Monde
	Modèles exogènes d'évaluation du Savoir	
	Modèle endo-exogène d'évaluation du Savoir mondial.	

Fait à Brazzaville, le 27 octobre 2025,

Didier NGALEBAYE,
Maitre de conférences de Philosophie,
Université Marien NGOUABI, CONGO,
Otwere_ossoh@yahoo.fr/+242 05 724 07 41

Annexe VI : *Glossaire de l'univers du discours ngalebayéen*

Les principaux termes techniques (63), suivants, figurant dans l'univers du discours philosophique de Didier Ngalebaye, sont fabriqués par l'auteur, sur la base du principe onto-logique de double implication saturée entre le signe et le sens, ou employés dans un sens spécifique que d'ordinaire :

1. **Avenir** : L'avenir est le temps humain qui vient, en tant que la liberté et responsabilité de l'homme n'y fonctionnent pas, dans la mesure où, les évènements ne s'accomplissent pas comme il l'a souhaité ; c'est la marque du Destin.
2. **À-venir** : En installant une distorsion dans le concept classique d'*avenir*, théorisé par les prospectivistes (Gaston Berger, Souleymane Bachir Diagne, Charles Zacharie Bowao, etc.), l'*à-venir* cible et dit le temps humain qui vient, dans la mesure où, il laisse s'accomplir, plus ou moins, ce que l'homme avait dessiné, envisagé et espéré, en tant que résultat de son initiative historique (liberté et responsabilité). Ce nouveau terme révèle la massivité et l'ambiguïté du classique *avenir*.
3. **Association du soir :** En lien avec les critères de promotion politico-administrative des cadres en République du Congo, de 1958 à 2025 et, au sens générique, le terme *Association du soir* désigne toute association, qui tient ses activités la nuit, comme : les réunions de politiciens, musiciens, prostituées, visioconférences intercontinentales, etc.
4. **Bibliographie** : En application du principe d'honnêteté intellectuelle, et dans le double cadre de la discussion intellectuelle au sein de la communauté de chercheurs, et de

la lutte contre le plagiat (vol d'idée d'autrui), la *bibliographie* est l'ensemble des documents (oraux et/ou écrits) consultés et exploités, en vue de la construction d'une production intellectuelle comme celle-ci.

5. **Carte ethnolinguistique** : La carte ethnolinguistique est le répertoire des communautés ethniques de base fait dans chaque Département d'un pays donné, au moyen des trois identifiants suivants : le territoire géo-historique d'ancrage, le code épistémo-éthique et la langue d'expression, par l'exclusion des communautés dérivées.
6. **Code épistémo-éthique** : Dans chaque communauté humaine au Monde, le *code épistémo-éthique* est l'ensemble des considérations théoriques éprouvées par l'expérience historique des hommes qui : *résume les principales réponses* que l'homme se donne à ses questions métaphysiques (D'où vient le monde ? Quelles sont les lois qui gouvernent l'Univers ? Que deviendra l'homme après la mort ?), *résume les principales règles définissant le bien et le mal* dans la communauté, et *fixe l'articulation entre théorie et pratique, pensée et action, connaissance et sagesse* (etc.) comme indicateur de crédibilité ou respectabilité sociale.
7. **Conclusion d'une recherche** : Après l'Introduction et le Développement d'une recherche, la Conclusion est la troisième et avant-dernière partie (Bibliographie) d'un document scientifique, dont la rédaction suit la structure ci-après : rappel du *thème* (1), du *problème* de recherche (2) et de la *méthode* employée, pour la vérification des hypothèses de travail (3) ; indication de la principale *difficulté* rencontrée dans la vérification des hypothèses de travail (4) ; présentation des *résultats* (réponses aux questions) de la

recherche (5) et *commentaire* prospectif montrant l'intérêt des résultats obtenus (pour la science et l'humanité).

8. **Communauté ethnolinguistique** : La communauté ethnolinguistique est la structure de base la mieux organisée d'un pays, en tant qu'elle comprend des familles, groupes de familles, clans, groupes de clans, sous-tribus et tribus, et se définit par un territoire historique d'ancrage, un code épistémo-éthique spécifique et une langue d'expression.
9. **Critères de promotion politico-administrative des cadres au Congo :** Au regard de l'analyse critique et prospective des décrets de nomination des membres de l'Exécutif au Congo, de 1958 à 2022, il se trouve que la promotion politico-administrative des cadres n'est assurée qu'*au prisme des critères* d'appartenance à la famille biologique du Chef de l'Etat (a), à la famille politique du Président de la République (b), du passage sur le canapé (c) et d'affiliation à l'association du soir (d), par l'exclusion de la *considération du mérite* (compétence technique et moralité), au point où l'exercice des fonctions d'Etat ne vise pas la performance, comme en témoigne l'absence de l'évaluation.
10. **Diagnostic historique** : Le *diagnostic historique* est la première étape du Protocole épistémo-éthique, qui ressort les données des périodes antécoloniale, coloniale et postcoloniale de la société en contexte d'oralité, dont on étudie un problème donné, pour pouvoir en mesurer le seuil critique, par la pondération, avant, d'une part, la *confrontation* des résultats de ce diagnostic historique d'avec la réalité et les ambitions endo-exogènes de la société présente et, d'autre part, la *projection* de la solution du problème étudié, sur les plans épistémique, éthique, juridique et institutionnel.

11. **Développement endo-exogène** : Le diagnostic historique du Protocole épistémo-éthique montrant combien la réalité des sociétés en contexte d'oralité postcoloniales est, essentiellement, endo-exogène et, au regard de l'échec généralisé des modèles exogènes de développement importés, il reste que les études épistémo-éthiques, qui seront menées au sujet des thématiques portant sur les différents secteurs de la vie sociopolitique, permettent d'en dégager des modèles sectoriels de développement endo-exogène, plus pertinent, résilient et performatif.
12. **Dette du sens** : En échos au lien entre Créateur et créature, souverain primaire et autorités gouvernementales, etc., la *dette du sens* est le sentiment de reconnaissance ou gratitude de l'homme, dont la vocation est d'affermir et de renforcer la confiance entre gouvernants et gouvernés, dont l'absence se traduit par l'augmentation constante du taux d'absence aux élections, traduisant la crise de confiance entre gouvernants et gouvernés.
13. **Education** : En-deçà et au-delà de *l'instruction* et *la formation*, qui installent la discipline du métier choisi dans la conscience de l'apprenant, *l'éducation* est un travail anthropo-éthique sur la conscience du jeune enfant et consistant à dresser la table de sa personnalité naturelle (les caractères vertueux et vicieux), de façon à le conduire progressivement à surveiller ses vices et laisser s'épanouir les vertus, dans l'objectif d'en faire un citoyen ayant une personnalité équilibrée, capable de s'adapter à la société, tout en se créant des marges de manœuvre.

14. Election nominative : Face à l'échec de la démocratisation forcée des sociétés en contexte d'oralité, qui se traduit par le cycle : *élections démocratiques→contestation violente des résultats→violences postélectorales*, le *modèle d'élection nominative*, qui est une réponse aux difficultés actuelles de la démocratisation en Afrique : pérennisation au Pouvoir, changement intéressé de constitutions, dévotion monarchique du pouvoir, coups de force, malhonnêteté électorale et administrative, etc., comprend un ensemble de *termes de référence* : poste engagé : local ou national ; garantie : la Justice ; opérateur : la Commission d'organisation des élections ; acteurs : candidats (individualités et partis politiques) ; facilitation : la Gendarmerie ; observateurs : la presse et les organisations non gouvernementales ; consultants : les sociétés savantes et individualités ; *un modus operandi :* au terme de la séance de traitement public des dossiers, un procès-verbal est dressé, signé par les parties et remis à la presse sur place ; *des critères* de recevabilité des dossiers : combinatoire compétence technique et moralité avérées. Pratiquement, lorsqu'une élection locale, législative ou présidentielle est en vue, les dossiers des candidats validés sont déballés, le jour venu, un à un, dans le grand bureau de vote concerné, par la Commission d'organisation des élections, en présence de gendarmes, magistrats, médias, ONGs et électeurs soigneusement inscrits dans le grand bureau de vote considéré. Les dossiers sont traités un à un. Sur chacun d'eux, la Commission présente le CV du candidat, lit les conclusions du rapport de l'enquête de police administrative, écoute les témoignages à charge et à décharge des électeurs, ainsi, que les justifications du candidat lui-même ou de son représentant. En fonction de tout cela, un procès-verbal de délibération est dressé, signé par les parties et diffusé sur place, avant d'être inséré au Journal Officiel. Si le résultat est favorable, le procès-verbal, accompagné du curriculum vitae, suit la *procédure de nomination administrative*, dont les résultats compilés sur l'ensemble du territoire national seront publiés par l'autorité habilitée[42]. Si, par contre, les résultats sont défavorables, la même procédure est inversement suivie, pour notifier ces résultats à l'intéressé et l'opinion. Le *modèle d'alternance pacifique au Pouvoir par l'élection nominative*, qui engendre principiellement une *gouvernance vertueuse*, dans la mesure où, le renouvellement du mandat du Président en fonctions n'est pas garanti, étant menacé en cours par des élections anticipées, au constat d'un dysfonctionnement majeur de la gestion publique, a une *faiblesse notoire*, qui est, en réalité, une force : étant fondé sur les valeurs *patriotiques* et *morales,* ce modèle va conduire à la diminution drastique du nombre de candidats aux différentes élections, au regard de la rigueur publique dans la *sélection* des candidatures, l'*organisation* du scrutin et la *publication* des résultats, d'une part, et la double implication entre le payement de la dette du sens et l'alternance pacifique au Pouvoir, d'autre part. Ce modèle garantirait mieux l'efficacité et l'efficience de la gouvernance publique en Afrique postcoloniale, avec le cycle : *gestion efficace et efficiente→paiement de la dette du sens→alternance pacifique au pouvoir*, tranchant ainsi

[42] Dans ce schéma, le contentieux électoral disparaît et se retrouve remplacé par le débat organisé dans la salle du vote sur chaque candidature. Car, le défaut majeur de la démocratie occidentale, et que Platon lui reprochait, est que celle-ci n'argumente pas véritairement, préférant confier le sort de la communauté à un déchainement de passions : le vote.

d'avec le cycle infernal en cours de la démocratisation à l'Occidentale : *élections ''démocratiques'' →contestation des résultats→violences postélectorales.* Des Autorités issues de telles élections nominations seraient plus légitimes et moins arrogantes que celles que les pays africains ont actuellement, à environ 85% contestées, après un processus électoral contrôlé, de bout en bout, par le Parti au pouvoir. Les ''*Projets de société*'' étant de la fumée démocratique, le Président élu devrait gouverner sur la base des lois sectorielles de programmation du Développement, élaborées au terme de l'évaluation épistémo-éthique de chaque secteur de l'activité gouvernementale de *l'''indépendance''* à aujourd'hui. Cette façon de procéder règlerait deux problèmes réels : l'inscription de l'action gouvernementale sur la durée, facilitant aussi son évaluation performative périodique, et l'arrêt de la sempiternelle querelle périodique entre le nouveau et l'ancien régimes politiques.

15. **Epistémie** : Face à l'ensemble des questions que tout homme ne manque de poser à la Nature, qui ne saurait lui répondre, *l'épistémie* est l'ensemble des réponses auxquelles il parvient, après avoir déployé l'enquête méthodiquement, depuis le *questionnement*, stimulé successivement par la *curiosité* et *l'étonnement*, jusqu'au *résultat*, qui constitue la connaissance et intègre le patrimoine immatériel de l'Humanité.
16. **Expérience de la chose** : Le concept *expérience de la chose* est la traduction pudique des rapports sexuels.
17. **Gnenguélosité** : Dans la langue des Mbosi du Congo, le terme *Gnenguélé* renvoie à la notion intersubjective de *générosité* ou de *suffisance* attachée à l'état du cœur et de l'esprit de la personne qui, soit, partage autrui de manière

désintéressée, pour contribuer à la réduction des marges de son malheur existentiel, soit, se fait plaisir, en jouissant du fruit de son propre travail en et autour de soi. En pratique, *Gnenguéliser,* c'est couvrir quelqu'un de générosité ; *gneungueleusement,* c'est partager de manière débordante et satisfaisante, *et Gnengelosité* renvoie à l'attitude de l'homme généreux qui est, précisément, le *Gnenguélard.* La notion de *Gnenguélosité,* comme générosité dans le partage, ou redistribution éthiquement équitable, peut s'appliquer intersubjectivement aux trois dimensions ontologiques de l'Amour : intellectuel, spirituel et charnel.

18. **Gouvernance rationnelle** : La notion de *gouvernance rationnelle* désigne le mode de gouvernance qui se met en place dans une société en contexte d'oralité, dont le parcours a été soumis à une évaluation épistémo-éthique externe, et dont les principales recommandations s'exécutent et s'évaluent périodiquement, après que chaque Ministère ait élaboré ses Plan d'actions, budget et loi sectorielle de programmation du Développement. Ce schéma permet d'installer la performance au cœur de la gouvernance publique qui, pour le moment, est une débrouillardise.
19. **Herméneutique prospectiviste** : L'Herméneutique prospectiviste consiste à fonder la Prospective du sens historique sur les résultats de la confrontation du diagnostic historique d'avec la réalité et les ambitions endo-exogènes de la société postcoloniale actuelle, pour construire les réponses au problème étudié sur les plans épistémique, éthique, juridique et institutionnel.
20. **Etat de coups** : En distorsion d'avec la notion classique de *coup d'Etat,* que les analystes appliquent indistinctement à toutes formes de secousse institutionnelle, avec violence ou

non, le concept *d'Etat de coups* traduit le cas de figure où, le Pouvoir attaque militairement l'Opposition qui, en réagissant, réussit à le destituer, accomplissant ainsi la dialectique des places.

21. **Ethique** : Face à la *morale* définissant les normes du Bien et Mal dans une communauté ethnique donnée, *l'éthique* renvoie à l'ensemble des *valeurs humaines partagées mondialement*, par-delà les clivages communautaires, comme la liberté, la solidarité, la justice, la tolérance, l'égalité, etc. En ce sens, la morale est essentielle *locale*, tandis que l'éthique est *universelle*.

22. **Ethno-cabinet ministériel** : La notion d'*Ethno-cabinet* désigne la pratique institutionnelle qui consiste, pour une Autorité (Président de la République, membre du Gouvernement, Président d'une institution politique, etc.) à composer son Cabinet de travail majoritairement avec les cadres ressortissants de sa communauté d'origine, sans impliquer, ni capitaliser la diversité des ethnies (80, pour le cas du Congo) et aires culturelles (05).

23. **Ethnoscience** : La notion *d'Ethnoscience* désigne et dénonce la pratique de certains Universitaires qui, en mettant leur capital scientifique au service et au profit de leur communauté ethno-tribale d'origine, manque foncièrement à leur obligation de *Fonctionnaires de l'Humanité,* nés accidentellement quelque part.

24. **Esprit andzimbiste** : Partant de l'expression de la langue des Mbosi du Congo : *Andzimba,* sorciers, le terme ''esprit andzimbiste'' traduit et dénonce la pratique de certains Universitaires qui font valoir l'esprit para-scientifique (subjectivité, intéressement, partialité, etc.), en lieu et place de l'esprit scientifique, dont les exigences éthiques et

déontologiques sont : objectivité, impartialité, universalité, pertinence et responsabilité.

25. **Emergence africaine** : Au terme d'une étude épistémo-éthique de cas-pays, *l'Emergence* est la figure que présentera ce pays au fil de la mise en œuvre des recommandations de cette étude, sur les plans épistémique, éthique, juridique et institutionnel.

26. **Endo-exogénéité** : Dans le dispositif épistémo-éthique, l'*endo-exogénéité* renvoie à la réalité multisectorielle de l'Afrique postcoloniale, qui devient telle que plus de 90% des composantes sont *exogènes*, tandis qu'environ 10% à peine sont *endogènes*, notamment, la mémoire, le recours aux traditions endogènes, qui ne se fait que, quand les solutions importées d'Occident ont cessé de fonctionner à la satisfaction. Dans cette endo-exogénéité, la pondération ou le seuil critique est largement en faveur de l'exogénéité, au point où, les valeurs d'honneur et de dignité ne peuvent plus être attachées à l'Afrique, pour laquelle elles redeviennent des conquêtes lointaines.

27. **Endogénéité** : La notion d'endogénéité renvoie à l'ensemble du patrimoine culturel africain des périodes pharaonique et antécoloniale, tel qu'il n'a pas encore subi l'édulcoration par la rencontre violente de la civilisation occidentale, en ayant comme valeurs essentielles : spiritualité, respect du droit d'aînesse et solidarité.

28. **Evaluation endo-exogène du Savoir** : Proposée par Didier Ngalebaye, lors de la Conférence Internationale du CERDOTOLA d'octobre 2022, la notion d'évaluation endo-exogène du Savoir est un modèle d'évaluation du Savoir qui améliore les *items, critères* et la *pondération* mis en jeu dans

le modèle dit de Shanghai du Pr Nian Cai Liu[43], dont il performatise les items, critères et la pondération, ainsi que le montrent les deux tableaux suivants :

a. **Modèle de Shanghai** :

Critères	Indicateurs	Pondération
Qualité de l'enseignement	Nombre de prix Nobel et de médailles Fields parmi les anciens élèves	10%
Qualité de l'institution	Nombre de prix Nobel et de médailles Fields parmi les chercheurs actuels	20%
	Nombre de chercheurs les plus cités dans leurs disciplines (bibliométrie)	20%
Publications	Articles publiés dans deux revues américaines *Nature* et *Science*	20%
	Articles indexés dans deux grandes bases : *Science Citation Index* et *Arts /Humanities Citation Index*	
Taille de l'institution	Performance académique au regard de la taille de l'institution (c-à-d les précédents résultats pondérés par le nombre de chercheurs à temps plein de l'établissement)	20%
		100%

Source : Viviane Thivent, www.cite-sciences.fr

[43] Alors que son modèle a été élaboré sur la base et pour la situation des Universités chinoises dans le Monde, l'Afrique se laisse évaluer suivant ce modèle, avec des résultats médiocres d'une année à l'autre.

b. **Modèle de Ngalebaye** :

<table>
<tr><th>Critères</th><th>Indicateurs</th><th>Pondération</th></tr>
<tr><td rowspan="3">Qualité des résultats</td><td>Pertinence des résultats par rapport aux besoins de la société (histoire, contexte et devenir)</td><td>15%</td></tr>
<tr><td>Résilience des résultats par rapport à leur capitalisation socio-industrielle</td><td>15%</td></tr>
<tr><td>Performativité des résultats à booster la capacité des Etats à transformer rapidement leurs problèmes majeurs en solutions sociales</td><td>10%</td></tr>
<tr><td>Qualité de l’enseignement</td><td>Nombre de Prix et médailles parmi les anciens élèves</td><td>10%</td></tr>
<tr><td rowspan="2">Qualité de l’institution</td><td>Nombre de Prix et médailles parmi les chercheurs actuels</td><td>10%</td></tr>
<tr><td>Nombre de chercheurs les plus cités dans leurs disciplines (bibliométrie)</td><td>20%</td></tr>
<tr><td rowspan="2">Publications</td><td>Articles publiés dans des revues reconnues par le CAMES</td><td rowspan="2">10%</td></tr>
<tr><td>Articles indexés dans des grandes bases</td></tr>
<tr><td>Taille de l’institution</td><td>Performance académique au regard de la taille de l’institution (c-à-d les précédents résultats pondérés par le nombre de chercheurs à temps plein de l’établissement)</td><td>10%</td></tr>
<tr><td></td><td></td><td>100%</td></tr>
</table>

29. **Exogénéité** : La notion d'*exogénéité* renvoie à toutes les valeurs, pratiques et conduites que les sociétés en contexte d'oralité ont violemment reçues et importées de l'Occident, et qui deviennent leur actualité, après avoir été conduite à renoncer à leur propre identité historique.
30. **Epistémo-éthique** : Elaborée par Didier Ngalebaye (2023, 2024a), *l'Epistémo-éthique* est une approche qui porte spécifiquement sur les savoirs endogènes des sociétés en contexte d'oralité (l'endogénéité), et qui propose de les reconstituer critiquement et prospectivement, en effectuant le *diagnostic historique* (qui couvre les périodes antécoloniale, coloniale et postcoloniale), dont *les résultats sont confrontés* d'avec la réalité endo-exogène (*l'endo-exogénéité)*, pour *projeter* correctivement la solution du problème étudié dans le temps qui vient, sur les plans épistémique, éthique, juridique et institutionnel (*l'endo-exogénéité graduée)*, en guise d'instrument théorique d'aide à la bonne décision publique ; *le modèle bibliographique de recherche*, importé des Universités occidentales, et qui nécessite la *revue de la littérature écrite en amont,* et la *bibliographie écrite en aval* ne permet pas d'étudier les savoirs endogènes, cultivés, stockés et transmis *oralement*, de génération en génération, à travers proverbes, mythes, contes et légendes, coupant ainsi durablement l'Université de la Société (D. Ngalebaye, 2024a, pp.38-40).
31. **Imbécilité** : La notion d'imbécilité indique, relève et dénonce la faiblesse d'esprit ou *naïveté* par laquelle l'Afrique s'est, plus d'une fois, fait tromper par l'Occident, en qui elle se confie toujours, sans réserve, et à qui elle a confié son destin, sans s'percevoir des desseins funestes que

l'Occident a pour elle : la dépeupler, pour jouir impunément de ses richesses naturelles.

32. **Impasse** : L'impasse est la caractérisation la plus pertinente de la situation endo-exogène du Congo, dont la gouvernance porte sur les *effets*, en laissant filer les *causes causantes* (en l'absence d'une évaluation épistémo-éthique), et dont l'*indicateur d'appréciation* est l'insatisfaction permanente des populations, malgré la bonne volonté des Autorité, l'augmentation constante du budget et le réaménagement périodique du Gouvernement.

33. **Importation des modèles** : Conséquences directes de l'imbécilité, du trouble du discernement et de l'aliénation culturelle, l'importation des modèles est le mécanisme par lequel l'Afrique a confié son destin à ses ''anciennes'' puissances colonisatrices, dans les domaines politique, économique, juridique, linguistique, diplomatique, comme si elle n'avait pas de modèles endogènes, dont la promotion critique et prospective lui permettrait de construire sa propre modernité endo-exogène.

34. **Héritage** : Au sens endogène, *l'héritage* renvoie au patrimoine spirituel, communautairement réputé, qu'un dignitaire (chef de terre, notable, chef de famille) laisse au, successeur qu'il aura lui-même désigné suivant ou en dérogation des règles de dévotion du pouvoir traditionnel en cours dans la communauté ; au sens exogène, l'héritage renvoie au patrimoine matériel qu'un chef de famille laisse, dont la répartition se fait, soit selon la coutume, soit selon le *Code de la famille.*

35. **Herméneutique** : L'herméneutique est la théorie de l'interprétation des textes (oraux ou écrits) qui, au présent,

en recherche le *sens* dans le passé, pour soumettre la vérité à la délibération de la postérité.

36. **Humanités classiques africaines** : La *notion d'Humanités classiques africaines* renvoie au patrimoine culturel de l'Egypte pharaonique nègre, tel que révélé par Cheikh Anta Diop[44], Théophile Obenga[45], Grégoire Biyogo[46] et Kalala Niousséré Omotundé, d'une part, et aux *savoirs endogènes africains de la période antécoloniale*, encore *endogènes,* mais, qui deviendront progressivement *endo-exogènes* (période postcoloniale), sous la pression de la *culture exogène* occidentale (période coloniale), d'autre part.

37. **Hypothèse** : Face à une question de recherche, *l'hypothèse* est la réponse anticipée que le quêteur de la Vérité formule dès *l'Introduction*, pour en vérifier le statut épistémique (vraie et/ou fausse) dans le *Développement* ; elle s'obtient, en reprenant la phrase faisant office de *question de recherche,* mais, en en mettant le verbe d'action au conditionnel.

38. **Méthode** : Intermédiaire entre le questionnement et le résultat recherché, la *méthode* est l'ensemble des règles de raisonnement que le chercheur se donne, afin de vérifier ses hypothèses ; sa nature doit être compatible avec celle de l'objet sur lequel elle travaille.

39. **Morale** : Prenant appui sur une ethnie donnée, la *morale* renvoie à l'attachement que les citoyens témoignent à l'égard des règles qui définissent le bien et le mal dans cette communauté, et qui en constitue aussi la frontière d'avec les communautés voisines.

---

[44] Cheikh Anta Diop, *Nations nègres et culture,* Paris, Présence Africaine, 1954.

[45] Théophile Obenga, *La philosophie africaine de la période pharaonique,* Paris, L'Harmattan, 1990.

[46] Grégoire Biyogo, *Aux sources égyptiennes du savoir,* Paris, Menaibuc, 2000, et Grégoire Biyogo, *Origine égyptienne de la philosophie,* Paris, Menaibuc, 2002.

40. **Oralité** : L'oralité est le mode de construction, stockage et transmission du patrimoine cognitif, technique et culturel que se donnent les sociétés en contexte d'oralité, à fondement initiatique, pour en préserver les secrets.

41. **Nouvelle Pensée Africaine** : Tirant le double enseignement du colloque du Caire (Egypte, 1974 : *l'antériorité des civilisations nègres est établie à travers l'Egypte pharaonique, qui était aussi nègre*[47]) et celui de Yaoundé (Cameroun, 2022 : *le devenir développant de l'Afrique et sa Diaspora passe par la capitalisation scientifique, pédagogique et institutionnelle des Humanités classiques africaines*), l'Institution Universitaire du CERDOTOLA, au regard de l'impasse généralisée dans laquelle se trouvent les sociétés africaines postcoloniales occidentalisées, définit la *Nouvelle Pensée Africaine* comme la décision sensée de fonder désormais la réflexion et l'action concernant le devenir de l'Afrique sur la confrontation critique et prospective des Humanités classiques africaines d'avec les Humanités gréco-romo-occidentales, de façon à conditionner la nouvelle élite afro-diasporique à propulser des innovations pertinentes, résilientes et performatives, qui servent d'instrument théorique à l'Emergence de l'Afrique, dans le cadre d'un Etat fédéral.

42. **Origi-ment du Savoir universel** : Concept critique et correctif des postulats de la rationalité occidentaliste et kamito-africain, le nouveau paradigme d'Origi-ment de la rationalité mondiale synthétise, d'une part, l'enracinement des gestes épistémique, technique et éthique de l'Humanité actuelle dans l'Egypte pharaonique nègre, où le test

[47] Cheikh Anta Diop, *Nation nègre et culture,* et Cheikh Anta Diop, *Civilisation ou barbarie. Anthropologie sans complaisance,* Paris, Présence Africaine, 1981.

d'initiation discrète des étudiants précédait leur inscription dans les couvents, en laissant le peuple dans l'ignorance des résultats auxquels parviennent les prêtres/chercheurs et, d'autre part, la contribution iconoclaste des étudiants grecs qui, en rentrant chez eux, après la formation reçue en Egypte, décidèrent de créer des écoles privées de Philosophie, où le débat est publiquement critique et où, chaque thèse est soumise à l'examen minutieux des parties au débat, à qui revient l'obligation de peaufiner les arguments : *De la sorte, les Egyptiens ont donné au Savoir universel son origine, sa source ou provenance, tandis que les Grecs lui ont donné son commencement ou son début effectif, en tant que rationalité critique publiquement assumée. Ces deux gestes théoriques ne s'étant pas accomplis historiquement l'un sans l'autre, c'est cette vérité historique de l'avènement de la rationalité mondiale que l'IUC enseigne et promeut dans le Monde, à travers la spécificité de ses Ecoles, dont chaque étudie ses thématiques à travers la double endogénéité de l'Egypte pharaonique nègre et des savoirs endogènes africains antécoloniaux (1), l'exogénéité instituée par l'esclavage et la colonisation (2) et l'endo-exogénéité qui en résulte (3), mais, dont il reste à situer techniquement la pondération.* Ainsi, au lieu de continuer à répéter le postulat de la rationalité occidentale, qui considère la Grèce du 6ème siècle (Thalès), avant notre ère, comme lieu et temps exclusifs de naissance de la rationalité mondiale, alors même que les acteurs de la première génération d'étudiants grecs reconnaissent et avouent leur dette intellectuelle envers l'Egypte pharaonique nègre, où ils furent formés par les prêtres dans les temples, il convient, désormais, de suivre un postulat composite, qui combine l'origine égyptienne (source ou provenance) historiquement avérée du savoir gréco-occidental avec son commencement grec (début effectif dans l'espace et le temps), en tant que quête publiquement critique de la Vérité exigeant une argumentation cohérente, pertinente et véridique, sous le concept général d'Origi-ment du savoir universel.

43. **Parallélisme des normes** : Le parallélisme des normes décrit la situation générale des sociétés en contexte d'oralité, spécifiquement liée à la régulation du vivre-ensemble, comme le cas mariage, où les trois normes qui le régissent ne se recoupent nulle part : la coutume, le Code de la famille d'inspiration occidentale et la parole de Dieu véhiculée dans le Livre sacré ; les citoyens sont débordés, mais, ont le sentiment de ne pas être écoutés par l'Etat, préférant le code d'essence napoléonien.

44. **Paradoxe africain** : Le *paradoxe africain* traduit le fait que les terres africaines disposent d'immenses ressources humaines, minérales, végétales et animales, mais, que les Gouvernements ne réussissent pas encore à les faire bénéficier aux populations, qui restent paupérisées, pendant que les puissances occidentales et asiatiques y tirent leur épingle du jeu économique et politique, avec la complicité des Gouvernants locaux, condamnant ainsi les Etats africains à un surendettement et une instabilité politique explosifs, dont ils auront du mal à se tirer, à cause de la complicité du *Nègre intellectuel*.

45. **Participation politique** : La participation politique renvoie aux marges de manœuvres que la coutume ou la loi positive, d'inspiration exogène, accorde à la Femme, en lui assignant un statut et un rôle, dans l'accomplissement des

actes d'intérêt général de gouvernance et régulation du vivre-ensemble.

46. **Parrainage conditionné ou intéressé** : Le parrainage conditionné ou intéressé, relevé par les personnes-ressources de tous les Départements traversés par l'étude, renvoie à la pratique en cours au Congo où, le mérite et l'égalité civile ne suffisant pas, la promotion politico-administrative ne peut être obtenue, dans la plupart des cas, que moyennant les quatre critères (appartenances aux familles biologiques et politiques du Président de la République, Premier Ministre ou Ministre), ainsi qu'à l'association du soir, et le passage sur le canapé, avec effet thanatormique sur la famille, mais, sans tenir compte de la traçabilité de la carrière de l'intéressé (e).

47. **Philosophie de l'Emergence et de la Renaissance africaine** : Le concept de *Philosophie de l'Emergence et de la Renaissance africaines* exprime, d'une part, les *considérations* expliquant pourquoi, l'univers Kamito-africain, qui était la civilisation de référence mondiale dans l'Antiquité est devenue la dernière aujourd'hui (l'hospitalité naïve, sans préparation à la guerre éventuelle ; la peur de la critique publique, à cause de la prévalence du droit d'aînesse ; l'égoïsme cognitif ayant conduit des sages à disparaitre avec leur savoir ; la faible présence et pratique de la Prospective dans le dispositif cognitif) et, d'autre part, ce qu'il devrait faire désormais (lutter contre l'imbécilité et le trouble du discernement), afin que cette civilisation retrouve le chemin du progrès, de la dignité et souveraineté, en émergeant et renaissant au niveau mondial. Voulant contribuer au débat sur l'Emergence et la Renaissance africaines postcoloniales, et usant de la *méthode de*

l'herméneutique prospectiviste, l'auteur dénonce l'importation généralisée des modèles de gouvernance (1), interroge le code de l'émergence de l'Egypte pharaonique (2), la geste pensante par laquelle les étudiants grecs antiques rentrés chez eux ont diffusé et développé le savoir acquis (3), les causes de la perte de ce statut historique par l'Egypte (4) et les dogmes de l'académisme occidental (5). A partir de là, et visant la construction d'un concept d'Universel a posteriori, il met en œuvre *l'épistémo-éthique* comme mode d'évaluation prospective de la tradition africaine antécoloniale, en la croisant avec la réalité postcoloniale, pour en dégager une synthèse originale et dynamique, par laquelle l'Afrique puisse ré-émerger et re-naitre dans le nouveau monde mondialisé, dans une mesure qui ambitionne le *Développement*, dont le *Bonheur* est le but, comme *chemin*, et non plus comme *destination*. Il en conclut que la *décolonisation profonde de l'entendement africain* est la condition de la ré-émergence et de la re-naissance africaines, pour le Développement.

48. **Pondération endo-exogène du Savoir** : Dans l'endo-exogénéité de la situation transversale de l'Afrique postcoloniale, la *pondération endo-exogène* est l'opération technique, qui consiste à mesurer ou estimer, quantitativement et/ou qualitativement, le poids de l'endogénéité par rapport à celui de l'exogénéité, pour apprécier si, l'Afrique peut être crédible multisectoriellement face à l'Occident.

49. **Postulat de la rationalité occidentaliste** : Le *postulat de la rationalité occidentale* est l'idée, développée plus ou moins à partir du Moyen Age occidental, que l'usage critique de la raison, pour la conquête du savoir vrai et la construction

des techniques, dont la vie humaine a besoin, est né *exclusivement* au sixième de l'antiquité grecque, avec Thalès, au moment même où celui-ci et tous les philosophes, qui ont vécu l'époque et les faits (Pythagore, Platon, Aristote, etc.), reconnaissent et avouent leur dette théorique du sens envers l'Egypte pharaonique nègre, que des traces historiographiques de l'Occident lui-même présentent, pourtant, à la fois comme berceau de la Civilisation et du Savoir universel. Face à cette posture idéologico-raciste, l'IUC promeut le paradigme correctif d'Origi-ment du savoir universel.

50. **Problème de recherche** : Dans une étude, le problème de recherche est la question centrale à laquelle réponse doit être proposée à la fin et en guise de résultat ; il se formule, en transformant le thème de l'étude en phrase interrogative.

51. **Problématique** : Dans *l'Introduction* d'une étude scientifique, après l'énoncé du *thème*, la *justification* de son choix, la présentation de la *revue de la littérature* et du *problème* de recherche, *la problématique* est l'ensemble cohérent : *questions de recherche, hypothèses et méthode,* devant être complété par l'indication de *l'objectif* (que l'on obtient, en mettant le verbe d'action de la phrase du problème de recherche à *l'infinitif*), de *l'enjeu* ou *l'intérêt* de l'étude et l'annonce du *plan* (soit, huit paragraphes obligatoires, le *neuvième* étant la *bibliographie,* renvoyée à la fin de l'étude).

52. **Prospective du sens historique** : La Prospective est la partie essentielle de la recherche philosophique, qui consiste à croiser la lecture du passé d'avec celle de la réalité présente, afin d'en tirer les meilleurs enseignements pour le

temps qui vient, et sur les plans épistémique, éthique, juridique et institutionnel.

53. **Question de recherche** : La question de recherche est l'émiettement du problème de recherche (question centrale) en autant de questions stratégiques, d'hypothèses et de parties du plan, hiérarchisées de façon que chaque étape soit un moment indispensable vers la réponse recherchée ; si le thème comprend trois mots clés, par exemple, alors, chacun d'eux ferait l'objet d'une question de recherche.

54. **Revue de la littérature** : La revue de la littérature est la troisième séquence de l'Introduction (succédant à l'indication et à la justification du thème) ; elle consiste à faire le point sur les travaux déjà réalisés sur et/ou autour du sujet choisi, de façon à en montrer les percées et limites qui, ainsi, justifieraient la nouvelle recherche, visant l'accroissance de la connaissance.

55. **Résultat de recherche** : Le résultat de la recherche est la réponse au problème de l'étude ; on le reconnait à ce que le problème de recherche de départ (la question centrale) devient, dans la Conclusion, une phrase indicative, dont on peut faire le commentaire prospectif.

56. **Réfolution** : Avec le recul du temps, on peut se rendre compte que le livre : *Idées directrices pour une autre politique en Afrique* (Brazzaville, Imprimerie Saint-Paul, 2006, 224 pages) anticipait les remous actuellement en cours en Afrique, liés à la prolongation intéressée des mandats constitutionnels par certains Chefs d'Etat. Compte tenu de l'immobilisme complet de la gouvernance, il suggérait une démarche ''*réfo-lutionnaire*'' (après relecture d'une des épreuves, Ghislain-Thierry Maguessa-Ebomé suggéra de supprimer ce trait d'union). Ce concept est formé au moyen

de la combinaison de la racine de réformisme d'avec la terminaison de révolution. En effet, il y *"révolution",* lorsque les institutions d'un pays donné fonctionnent contre l'intérêt du plus grand nombre, mais, au profit de la minorité au Pouvoir d'Etat, et qu'un illuminé prétendant détenir le *Sens de l'Histoire* (la solution aux problèmes du moment), théorise et organise autour de ses idées, un ensemble de convaincus acquis à sa cause, constituant ainsi une *idéologie* devant servir d'instrument de renversement (souvent violent) du Pouvoir en place, dont il réussit à s'emparer, en promettant lui substituer un ordre plus juste et apte à défendre/promouvoir l'intérêt général. Le *radicalisme* et l'*intolérance* sont les principales caractéristiques de la révolution. Par contre, il y a *''réformisme",* lorsque les acteurs du système en place, à défaut de trouver des solutions radicales attendues aux problèmes des populations, s'engagent dans un processus consistant à en identifier les faiblesses et les corriger progressivement, par une série de mesures, finalement vouées à l'échec, du fait qu'en elles, le sujet et l'objet se confondent : l'homme du Pouvoir. Dieu seul sait que nul homme au monde n'accepte de se faire violence ! La *tolérance,* la *progressivité* et la *complaisance* sont les caractéristiques du réformisme. Ce double échec de la révolution et du réformisme a conduit Didier Ngalebaye à créer le concept de *réfolution,* dont les valeurs sont : la tolérance, la rigueur, le réajustement périodique, la responsabilité et l'obligation de résultats. Il en sort la conviction épistémo-éthique que, si l'on est dans un pays où la situation est complètement bloquée (et caractérisée par l'inefficacité de l'action publique, malgré l'augmentation constante du budget), *pour la déloquer et accélérer le changement développant des mentalités*, il conviendrait, d'abord, de changer les hommes, en choisissant ceux dont on est sûr qu'ils ont la capacité nécessaire de créer un *nouvel état d'esprit et de choses* pouvant infléchir et booster la gouvernance générale du pays, dans le cadre du *nouvel esprit des institutions*. Le changement réfolutionnaire se conduit et simultanément sur les trois niveaux complémentaires : *le changement des normes, institutions et acteurs,* en vue l'atteinte des objectifs d'intérêt général. Sinon, l'incompatibilité entre l'élan novateur des nouvelles institutions se heurtera aux mentalités rétrogrades des acteurs en place, replongeant ainsi le pays dans l'immobilisme de départ, qui en dessine une histoire cyclothymique. Ce descriptif confirme le dicton : *chaque peuple a le Gouvernement qu'il mérite.*

57. **Sagesse** : La sagesse est la conduite humaine en tant qu'elle s'appuie aussi bien sur l'objectivité du savoir que sur les valeurs éthiques, mondialement partagées ; c'est à en ce sens qu'Aristote écrit : « *La sagesse est en raison du savoir* ».

58. **Savoirs endogènes** : Au moyen du concept forgé par Jean-Paulin Hountondji, au début des années 2000[48], interrogé critiquement et prospectivement par Didier Ngalebaye[49], la notion de *savoirs endogènes* est définie, ici, comme l'ensemble des réponses orales que les penseurs de la société africaine traditionnelle, tenus par la discrétion liée à l'initiation spirituelle, se sont données à leur questionnement sur la place de l'homme dans l'Univers (D'où vient le

[48] Jean-Paulin Hountondji (Sous la dir.), *Les savoirs endogènes. Pistes pour une recherche,* Cotonou, Star Editions, 2019.

[49] Didier Ngalebaye, *La problématique philosophique dans les sociétés en contexte d'oralité,* Douala, Edi-CAD, 2023.

monde ? Quelles sont les lois qui gouvernent l'Univers ? Que deviendra l'homme après la mort ?), telles que stockées et transmises, de génération en génération, à travers les proverbes, contes, mythes et légendes, et auxquelles l'approche épistémo-éthique permet d'accéder.

59. **Science** : Cinquième et dernier mode de pensée humain constitué en réponse à la curiosité, à l'étonnement et au questionnement, après respectivement la Spiritualité, le Mythe, la Religion et la Philosophie, la Science est le mode de pensée, qui a en partage la *rationalité (l'ironie chez les Kamito-africains, et la critique frontale chez les Gréco-occidentaux)* avec la Philosophie, et qui étudie les différents aspects du réel (formel, naturel, humain, infiniment petit, cosmique, etc.), au regard des exigences éthiques d'objectivité, d'impartialité, d'universalité, de pertinence et de responsabilité, de façon à mettre au point des connaissances crédibles, mais, périodiquement réfutables. La pluralité des sciences peut être ramenée aux Régions épistémologiques suivantes (au regard de l'objet, la méthode et les résultats de chaque),

60. **Seuil critique** : Dans l'effectuation du Protocole épistémo-éthique de recherche sur les savoirs endogènes, le *seuil critique* est le moment de la confrontation du résultat du *diagnostic historique* d'avec la réalité et les ambitions de la société présente, qui permet de *distinguer*, techniquement et précisément, ce que l'Afrique sait historiquement par elle-même de ce qu'elle a appris ''grâce'' à son ouverture violente à l'Occident, ce qui la situe par rapport à l'attitude morale normale qu'elle doit entretenir envers l'Occident. Seuil critique équivaut onto-logiquement à pondération endo-exogène.

61. Société en contexte d'oralité : Dans le présent univers du discours, la notion de *société en contexte d'oralité* renvoie à l'ensemble des sociétés du Monde (Afrique, Amérique, Asie, France, Océanie), qui cultivent, stockent et transmettent leur patrimoine culturel par initiation spirituelle (a) et oralement, à travers les proverbes, mythes, contes et légendes (b), sont historiquement passées par l'esclavage (c) et la colonisation (d) européenne, ont du mal à lancer le processus de leur Développement (e) et, dont le patrimoine culturel est menacé de disparition par la Mondialisation occidentaliste écrite (f).

62. Spiritualité : Le *''Sacré étant au fondement des sociétés humaines''*[50], le concept de *spiritualité* renvoie à l'usage privé du rapport que chaque être humain entretient avec son Dieu, à travers un certain nombre de rituels, sans médiation, tandis que celui de *religion* renvoie à l'institutionnalisation de cet usage où, les rituels entremêlent : Dieu, le Messie, le livre sacré, l'institution, les serviteurs et fidèles.

63. Théorie des quotas démographiques : Didier Ngalebaye, dans *Diversité culturelle et construction de la Nation au Congo* (Edi-CAD, Douala, 2023, pp.82-83) appelle ''*Théorie des quotas démographiques''*, l'idée de Philosophie morale et politique formulée et proposée, pour donner aux acteurs politico-administratifs l'instrument technique de pouvoir *corriger l'escroquerie politique*, qui règne depuis des décennies : *Dans un pays* (cf. *Rapport général du RGPH*-2022) *où, 76% de la population est jeune et a moins de 45 ans d'âge, et où les candidats aux éléctions locales, législatives, sénatoriales et présidentielles gagnent leurs sièges, grâce aux voix décisives de cette majorité*

[50] Pierre Bourdieu, *Au fondement des sociétés humaines. Ce que nous apprend l'anthropologie,* Paris, Albin Michel, 2008.

juvénile, il se trouve que, dans l'exercice institutionnel du Pouvoir d'Etat, cette majorité est mise à l'écart, au profit des 26% restants, mais, dont l'apport n'a pas été décisif, pour la victoire des candidats élus, entre autres, en application des quatre critères de promotion politico-administrative des cadres appliqués au Congo (appartenance aux familles biologique et politique du Chef de l'Etat, du Premier Ministre ou d'un Ministre donné, à l'une des associations du soir ou passage sur le canapé), les jeunes concernés se contentant des rôles de Secrétaire, Chauffeur, Garde du corps ou Agent du Protocole dans les institutions. Face à cette escroquerie politique, l'idée est d'astreindre le gagnant de l'élection présidentielle à l'obligation morale d'équité, aux termes de laquelle, le Chef de l'Etat serait conditionné à tenir compte du poids démographique des différentes couches sociales dans la composition des équipes de gouvernance transversale du pays, en en triant les membres, *au regard du critère du mérite intrinsèque, ayant comme contenu l'articulation de la compétence technique avérée avec la moralité.* Le dialogue entre générations conduisant au *malentendu*[51], cette théorie permet, sur la base des résultats des recensements périodiques de la population, de repérer les couches majoritaires et *les laisser se gouverner elles-mêmes*, par les meilleurs qu'elles recèlent, pour sortir le pays du schéma actuel, où *la minorité de plus de 45 ans d'âge* s'accapare du Pouvoir d'Etat et impose sa volonté à *la majorité étouffée de moins de 45 ans*, suivant le principe généralisé que *les médiocres doivent commander les cracs,* rendant ainsi le Service public non-performant. A cause de

[51] Les vieux parlent aux jeunes comme à des sous-hommes, tandis que ceux-ci tiennent à ce que leur majorité et leur humanité soient reconnues et respectées.

ce schéma, la demande de changement demeure permanente, tandis que la stabilité des institutions est menacée, sans cesse. En ce sens, et en fonction du modèle de gouvernance que les études épistémo-éthiques de la situation du pays considéré permettront de dégager (sur les plans épistémique, éthique, juridique et institutionnel), la promotion des cadres, par voie de nomination aux postes de responsabilité publique ou élection, tiendrait compte des tranches et du poids démographiques des différentes couches de la population, afin que les populations se reconnaissent en permanence dans les gouvernants, et qu'inversement, *les mandats se renouvellent, toutes les fois que des actes de trahison et d'antivaleurs sont posés et constatés. Cette instabilité des mandats se paierait en performance du Service public.* Au final, cette technique mettant fin au *cumul des mandats* (qui crée le chômage des jeunes cadres, que le chômage politico-administratif transforme en Opposants, sans conviction) et à la *prolongation exagérée des fonctions, contre les mauvais résultats des intéressés* (qui accentue la crise de confiance entre gouvernants et gouvernés), ainsi qu'à *l'infra-droit* (qui crée l'impunité) et au *conflit d'intérêt* (qui rend impossible tout contrôle efficace de l'action publique) généralisés, permettrait d'occuper le maximum de jeunes et cadres, dont le *''chômage''* est à l'origine de l'effervescence violente observée.

64. **Trouble du discernement** : Après l'imbécilité, le *trouble du discernement* est la deuxième tare que les Africains ont héritée de leurs ancêtres, que les conquérants occidentaux avaient corrompus, trompés et manipulés, avec des dons ordinaires de sel, miroir, etc., et qui ont installé durablement la méfiance et la haine des Africains envers eux-mêmes, au

profit de l'attrait pour l'Occident, qui a détruit son identité culturelle et rendu la balance commerciale des économies africaines toujours déficitaires. La déprogrammation de la dépendance de l'Afrique envers l'Occident et la programmation de la capacitation africaine supposent, inversement, l'inscription de la double lutte contre l'imbécilité et le trouble du discernement dans les programmes scolaires et universitaires.

65. **Travail** : La *notion de travail* renvoie à l'une quelconque ou l'ensemble des activités que l'homme mène, pour satisfaire à ses *besoins,* tant *naturels* que *sociaux,* et prendre soin de sa vie, ainsi que celle de sa famille, tout en contribuant à la bonne marche de la société. Dans la société ancienne, les tâches étaient réparties en fonction des sexes et de l'âge (générations), mais, dans la société postcoloniale, le principe d'égalité civique entre hommes et femmes est proclamé théoriquement, mais, cela n'est si évident.

Table des matières

Résumé

Le présent ouvrage montre que la confrontation permanente des modèles de rationalité occidentaliste et kamito-africain dans les Universités du Monde conduit, souvent, les acteurs à entretenir la *confusion conceptuelle entre Science et Idéologie.* De ce résultat, découlent l'urgence éthique de restaurer l'*esprit scientifique* dans les lieux du Savoir, en vue d'aboutir à un modèle mondial et unifié de rationalité : l'*Origi-ment,* se déployant, sans étouffer l'expression des spécificités disciplinaires de la raison naturelle et universelle en tous les hommes. Dans ce *nouvel horizon éthique du Savoir*, l'*esprit parascientifique* serait, durablement, chassé des lieux du Savoir par la seule pratique des exigences éthiques de la *Rationalité objective*, en tant que *valeurs interculturelles* de l'Ethique universelle et historique de la triple quête du Vrai, Bien et Beau.

Mots clés : Modèle occidentaliste de rationalité, modèle kamito-africain de rationalité, nouvel horizon éthique du Savoir et origi-ment de la Philosophie.

Né le 22 avril 1968 à Abala (Congo), Didier Ngalebaye est Maitre de conférences de Philosophie à l'Université Marien Ngouabi, depuis 2019. Auteur de 14 ouvrages individuels, 03 ouvrages collectifs et 18 articles, effectivement publiés, il a initié le *Laboratoire des Savoirs endogènes* (LAB.SA.E) et mène actuellement ses recherches dans le cadre du *Projet d'écriture de l'Histoire cognitive des sociétés en contexte d'oralité du Monde*.

www.ingramcontent.com/pod-product-compliance
Lightning Source LLC
LaVergne TN
LVHW022306200926
848481LV00004B/1237